Nuova

Italiana Cucina

최신 이탈리아 요리

권오철·정영미 공저

(주)백산출판사

머리말

현재 우리나라 외식산업은 다양한 음식문화를 수용하면서 발전하고 있다. 자유로운 해외여행과 글로벌 네트워크는 간접적으로 다른 나라의 문화를 경험할 수 있는 기회가 되었다.

이러한 변화 속에서 요리를 가르치고 배우는 한 사람으로 전통 이탈리아 요리와 이탈리아 안에서 변화하고 있는 이탈리아 요리 트렌드를 이 책을 통해 소개하고자 한다.

첫 번째 Part 1은 이론부분으로 조리인의 자세와 전반적인 이탈리아 역사 및 요리를 중심으로 구성하였으며 이탈리아 요리에 필요한 식재료를 소개하고 쓰임새를 적었다.

두 번째 Part 2는 실기부분으로 전통 이탈리아 요리법을 비롯하여 트렌드에 맞게 재해석한 이탈리아 요리를 표현하고자 노력하였다.

이 책은 현장에서 습득한 노하우와 현지에서 배운 기술 및 식문화를 바탕으로 이탈리아 요리의 이론 부분을 정리하고 기술적인 부분은 전통과 현재의 트렌드를 조합하여 구성하였다.

2017년 이탈리아 토스카나주에서 개최된 세계요리대회에서 학생들과 함께한 시간은 차일피일 미루던 이 원고를 마무리하는 데 원동력이 되었다.

세계대회에서 여러 나라 학생들과 나란히 기술을 겨루고 한국인의 강인함을 보여주려 애쓰던 우리 학생들의 모습은 오랜 기간 현장에서 근무하다 교편을 잡은 나에게 학생들을 위해 무언가 해야겠다는 생각을 갖게 하였다.

본 교재는 총주방장으로 재직하던 시절 나만의 노하우가 담긴 책으로 후배들의 교육을 위해 준비해 둔 조리 관련 지식과 기술을 바탕으로 하였기에 학생들이 쉽게 이해하고 응용할 수 있는 기술을 중심으로 엮어보았다.

건강과 비주얼 모두 중시하는 현재의 푸드 트렌드에 맞게 이탈리아 요리를 설명하기 위해 노력하였다.

이 책이 이탈리아 요리에 관심을 가진 분과 요리를 전공하는 분에게 이탈리아 요리를 이해하는 데 도움이 되길 바란다.

마지막으로 이 책이 나오기까지 많은 의견과 도움을 주신 경주대학교 구본기 총장님과 이탈리아 아피추스대학에서 수석셰프로 근무 중인 안드레아(Chef. Andrea Trapani) 셰프 그리고 학교 관계자분을 비롯하여 출판에 도움을 주신 백산출판사 진욱상 대표님, 이경희 부장님, 성인숙 편집과장님 그리고 항상 도와주시고 격려해 주시는 많은 분들께 감사드립니다.

권오철

차례

Part 1 이론편

Part 2
실기편

APPETIZER

ZUPPE

SALAD

PASTA

RISOTTO

PIZZA

PESCE

CARNE

응용편

DOLCE

VSEI VATICANI

이론편

Chapter 01

조리인의 자세

01 조리인의 자세

조리사 윤리

전문 요리인이 되고자 하는 사람이라면 사회의 물리적, 사회적, 상업적, 정치적 및 문화적 복지를 위해 행한 공헌을 존중하고 영구히 지속되기를 원하며 아래 지침들을 지켜야 한다.

01. 자부심을 가진 전문인으로서 헌신적으로 이행하며 다른 사람을 전문적인 수준에 도달하도록 이끌어준다.
02. 자신들의 직업에 긍지를 가지고 성실하게 봉사하며 대중을 위해 그 성취를 추진하라.
03. 전문의식을 향상시키기 위해 동료들과 협력하라.

04. 좀 더 많은 지식을 얻기 위해 노력하라.

05. 가장 적절한 비용과 가장 효과적인 인적, 물적 자원의 이용으로 최고의 품질을 이룩하라.

06. 최상의 가능한 수준으로 수행능력을 증진시키기 위해 다른 사람들과 지식 및 경험을 기꺼이 나누어라.

07. 지식과 수행의 증진을 위한 것이라면 다른 사람들의 제안을 친절하게 받아들여라.

08. 지식과 수행의 증진을 위해서만 동료에게 조언하고 동료 전문인들의 사기를 떨어뜨리거나 개인적인 이득을 위한 비판을 삼가라.

09. 개인이나 대중 그리고 고용주가 만족할 만한 최적의 음식 수준을 꾸준히 유지하라.

10. 모든 사람을 대할 때 존경심을 가지고 예의바르고 공정하며 사려 깊게 대하도록 노력하라.

11. 대중의 최대 관심사에 양심적으로 봉사하라.

12. 대중과 동료들의 건강과 안전을 위해 공중위생과 안전 및 영양의 원리들을 이해하고 유지하도록 노력하라.

13. 기구들과 장비 및 전문 분야의 재료들, 특히 음식 생산과 기타 희귀 자원들을 귀하게 여겨 보존 · 유지토록 하라.

14. 전문적인 의무수행으로 도달하려는 자부심과 배려가 반영되도록 청결하고 단정한 모습을 보이라.

15. 다른 사람들의 재산이나 자원들을 정직하고 성실하게 취급하고 귀하게 여기며 이런 재산이나 자원들을 개인의 목적으로 사용하지 마라.

16. 고용주들의 관심사를 고려하고 그들이 세운 정책들을 이행하라.

17. 자신과 고용주, 동료들 혹은 전문분야에 불신을 줄 수 있는 행동들을 피하라.

조리사 십계명

01. 생각하는 데 시간을 사용하라.

    당신은 이것이 성공을 위한 가장 간단하고 확실한 길임을 발견할 것이다. 이것에 비싼 대가를 치러야 많은 실수를 피할 수 있다.

02. 계획을 세우는 데 시간을 사용하라.

    순서에 따라 당신의 일을 계획하라. 그러면 당신뿐 아니라 동료들의 일이 훨씬 원활하게 진행된다는 것을 알게 될 것이다.

03. 듣는 데 시간을 사용하라.

    당신이 말하고 있을 때 당신은 배울 수 없을 것이다. 들으라. 그리고 지식을 얻으라. 들음으로써 사람들로 하여금 당신이 그들과 그들의 생각과 문제들에 관심을 갖고 있음을 알게 하라.

04. 칭찬하는 데 시간을 사용하라.

    당신의 일을 잠깐 멈추고 다른 사람의 훌륭한 점을 칭찬하라. 이것이 사람들에게 더욱 열성을 다하여 성공을 원하도록 만드는 정신이다.

05. 감사하다는 표시를 하는 데 시간을 사용하라.

    동료들이나 고객들이 당신을 위해 무엇을 했을 때 감사하다고 말하는 것을 습관화하라. 모든 사람들은 그것을 고맙게 여긴다. 그러면 당신은 그것이 당신을 위한 일임을 알게 될 것이다.

06. 미소를 짓는 데 시간을 사용하라.

    당신이 지시를 내릴 때 미소를 지으라. 고객과 이야기할 때 미소를 지으라. 그것이 친구를 사귀고 협조를 얻는 최선의 길이다.

07. 설명하는 데 시간을 사용하라.

    다른 사람들에게 그들의 일에 대해 이야기할 때 자세하고 분명하게 하라. 당신이 뜻하는 바를 바로 이야기하고 왜 그런지 그 이유를 밝혀라. 우리는 우리가 해야 할 것을 이해하는 데 최선을 다한다.

08. 기쁘게 지시하는 데 시간을 사용하라.

일하는 모든 사람들은 명령을 받거나 해야 한다. 그러나 명령이 기쁘게 내려졌을 때 더 좋은 반응을 하게 된다.

09. 일을 즉시 처리하는 데 시간을 사용하라.
    미루지 마라. 지체할수록 일은 점점 더 어렵게 된다. 사람들에게 그들의 일을 처리하는 데 있어 당신에게 의지할 수 있음을 알게 하라.
10. 열정을 다해 시간을 사용하라.
    열정은 전염성이 있다. 모든 일을 열정을 가지고 하라. 그것이 당신이 속한 공동체에 활기를 준다는 것을 알게 될 것이다.

조리사의 자세

자신을 점검하라. 자신을 개선하라. 그런 다음 동료들에게 본을 보이라.

01. 나는 일하기 전에 손을 씻고 손톱이 깨끗한지 살피는가?
02. 나는 젖은 손을 에이프런에 닦지는 않는가?
03. 나는 작업 시에 손을 손수건으로 닦지는 않는가?
04. 나는 작업 시에 깨끗한 에이프런을 착용하는가?
05. 나는 실수 없이 저장실에서 모든 공급물을 꺼내오는가?
06. 나는 청소작업을 줄이기 위하여 노력하는가?
07. 나는 조리에 필요한 최소한의 기구를 사용하는가?
08. 나는 준비하는 음식에 가장 적당한 기구를 사용하는가?
09. 나는 항상 음식의 맛을 볼 때 깨끗한 기구를 사용하는가?
10. 나는 팬에 기름을 칠할 때 손가락을 사용하지는 않는가?
11. 나는 더러운 접시와 깨끗한 접시를 따로 두어 씻는 동작을 절약하는가?
12. 나는 칼과 작은 기구들을 씻은 후에 즉시 말리는가?
13. 나는 동료들과 떠들지 않고 조용히 일하는가?

우리는 주방에서 어떤 음식물들을 고객에게 제공하기 전에 다음과 같은 질문마다 "예스"라고 대답할 수 있어야 한다.

01. 맛이 좋은가? (예스)
02. 보기에 좋은가? (예스)
03. 알맞게 조리되었는가? (예스)
04. 알맞은 온도인가? (예스)

우리가 조리사가 되기 위한 과정에서 어떤 것이 가장 중요한 것인가?
첫째, 욕구의 발단
둘째, 욕구충족의 수단

01. 기초지식
02. Skill
03. 창조성 및 예술성
04. 경영관리
  1) 사업경영관리
    (1) 식자재관리 (2) 원가관리 (3) Menu관리 (4) 위생관리 (5) 인력관리
  2) 개인경영관리

학습, 즉 배우고 익히고 반복하여 연습하고 외국어 능력 등을 개발하고 좋은 인간관계를 형성하여 사회가 필요로 하는 일원이 되도록 노력해야 한다. 때문에 교양과목은 개인경영관리 측면에서 필수적으로 배워야 한다.

여기서 가장 중요한 건 기본기라고 나는 단언한다.

조리사로서 갖추어야 할 조건은 무엇인가?

기초지식, 확실한 직업의식, 사명감, 긍지와 자신감, 신념, 즉 조리사의 정신을 나는 나의 후진들에게 심어주도록 정성을 다해 노력할 것이다.

 서양조리의 개요

이탈리아 조리를 이해하고 조리기술을 습득하기 위해서는 먼저 서양조리의 역사와 그 변천과정을 살펴보아야 한다. 현대에 와서 서양요리라 하면 보편적으로 프랑스를 중심으로 한 유럽의 요리로 정의할 수 있다. 프랑스 요리가 서양요리를 대표할 수 있는 데는 몇 가지 이유가 있다. 첫째, 프랑스는 역사적으로 정치 · 문화의 중심지였으며 지형적으로 이탈리아, 독일, 스위스, 스페인과 인접하고 있어 문화적 교류가 쉽게 이루어졌고 전 국토가 평야로 되어 있어 조리에 필요한 식재료, 버터 등의 유제품, 조리의 필수 재료라 할 수 있는 포도주 등이 풍부하여 일찍이 요리가 발달할 수 있는 여건이 조성되어 있었다. 둘째, 프랑스 국민의 요리에 대한 긍지와 애착이 유별났고 조리사들이 특별한 대우를 받았다는 것이다. 이러한 요소들이 결합되어 오늘의 프랑스 요리를 세계적 요리로 만들었다. 따라서 서양요리의 발전사를 이해하기 위해서 프랑스 요리의 발전과정을 살펴볼 필요가 있다.

16세기까지 프랑스 요리는 다른 나라와 별 차이가 없었으나 1550년 카트린 드 메디치(Catherine de Medicis)라는 이탈리아 메디치가문의 공주가 프랑스 앙리(Henri) 2세에게 시집오면서 함께 온 궁중조리사들에 의해 이탈리아 요리가 프랑스에 전파되었으며 이를 계기로 프랑스 조리사들은 이들로부터 조리기술을 배웠다. 그 후 프랑스 요리는 그들의 예술적 감각과 뛰어난 품질의 포도주와 식재료 등을 사용하여 계승 발전시켰으며, 17세기 말엽까지 고전요리를 통해 세계에 널리 알려졌다.

프랑스 요리의 또 다른 도약의 계기는 1847년 당대의 가장 위대한 조리장인 오귀스트 에스코피에(Auguste Escoffier)의 출현이라 할 수 있다. (Escoffier는 독일의 빌헬름 2세로부터 "나는 독일의 제왕이지만, 당신은 요리의 제왕"이라는 칭찬을 들었으며 그의 업적을 기리기 위해 그가 태어난 지방의 생가를 조리박물관으로 만들어 보존하고 있다.)

그는 복잡하고 많은 인력과 넓은 공간을 필요로 했던 고전요리가 산업혁명과 더불어 일기 시작한 시대적 변화와 조화를 이루기 위해서는 조리기술과 형태, 서비스의 방법 등을 현대화하는 것이 필요하다고 인식하여 조리의 과학화를 주장하였다. 그는 그전까지의 고전적 프랑스 요리를 체계적으로 정리하였으며 현재 우리가 접하고 있는 주방 시스템의 창시자이자 현재 음식의 Serve 순서를 창안한 사람이기도 하다. 오늘날 저명한 요리전문가, 요리연구가, 미식가, 요리책을 쓰는 사람 그리고 요리를 직접 만드는 조리사 등은 그가 만든 조리법을 이용하지 않는 사람이 없다.

지금까지 서양요리란 어느 나라 음식을 지칭하는가에 대해서 확실히 알게 되었다. 그러면 그 서양요리의 역사적 배경을 알아보기로 하자.

서양조리의 역사 문헌에 의한 역사를 거슬러보면 기원전 이집트의 요리법이 상형문자로 그려진 제빵 조리사들의 작업모습 등이 피라미드와 무덤 등의 점토 평판이나 벽화에서 발견되었고 그 당시 조리사들은 이집트인들에게 존경받았다고 한다.

또한 당시 페르시아에서는 화려한 연회와 축제가 성행했으며 아시리아의 왕 '사르도나 플르스'는 요리경진대회를 열어 우승자에게 수천 냥의 황금을 상금으로 주었으며 새로운 요리를 개발한 조리사에게도 상을 주었다고 한다.

그리스인들은 페르시아인들로부터 요리와 식사법을 배웠고 그리스에서 개발된 많은 조리방법 등은 로마인과 프랑스인들을 통해 전수되어 왔다. 요리에 대한 전문서적을 처음 발간한 사람은 AD 1~3세기 베니스에 살았던 로마인 '아피시우스'였다고 한다.

이탈리아 요리는 로마제국의 음식문화와 무관하지 않다. 로마제국의 멸망 원인 중에 요리가 포함되어 있다는 사실도 알아야 한다.

로마제국의 말기에는 향락문화가 만연되어 있었다. 부유한 로마인들은 파티와 연회를 즐겼고 세 가지에서 많게는 열 가지 코스요리를 먹었으며 그 당시에도 달팽이, 굴, 공작의 알 같은 것으로 처음 코스를 시작해서 육류나 생선 요리로 두 번째 코스를, 그리고 타조, 공작, 멧돼지 요리를 주요리로 하였으며 땅콩, 과일, 벌꿀 케이크 등으로 식사를 마무리하였는데 그 당시 한번 연회가 시작되면 하루 또는 이틀 동안 계속되었다고 한다.

연회가 진행되는 동안 음식과 포도주를 계속해서 먹고 마셨는데 때문에 로마에서는 토사방이라는 방이 별도로 있었다. 이것은 배가 부르지만 연회에 계속 참석해야 할 경우 이 방에 가서 먹은 음식물을 토해내고 다시 그룹에 합류했다는 것이다. 이러한 향락문화의 만연으로 결국 로마제국은 그 종말을 맞이하였지만 그때 개발된 많은 요리는 이탈리아 요리를 비롯하여 서양요리의 발전에 지대한 영향을 주고 있다.

이탈리아 요리의 개요

오늘날 이탈리아 음식은 프랑스 음식의 수준을 뛰어넘어 세계에서 가장 인기 있고 유명한 음식 중 하나로 부각되고 있다. 세계 각국의 다양한 요리가 상존하고 있으나 많은 사람들이 이탈리아 요리를 선호하고 즐기며 그 인기가 날로 더해 가고 있다. 그 이유는 무엇인가. 이탈리아 요리는 크게 나누어 공업이 발달한 밀라노 중심의 북부요리와 해산물이 풍부한 남부요리로 구별된다. 이탈리아는 지형적으로 우리나라처럼 삼면이 바다로 둘러싸인 반도국가이다. 이런 점에서 우리나라 요리와 비슷한 지역적 특성을 가지고 있다. 이탈리아 요리는 각 식재료의 특성에 맞게 적절한 조리방법을 사용해서 요리하기 때문에 발전한 것이며 오늘날에도 이러한 전통이 지켜지고 있다. 이탈리아 요리의 역사는 로마의 영향을 받아 일찍이 발달하였고 프랑스 요리의 발전 계기도 피렌체 출신의 이탈리아 조리사들로부터 전수받았기 때문에 가능했을 정도로 앞서 있었다.

그 당시에도 지중해를 중심으로 하여 생산되는 많은 향신료를 사용하여 그 풍미를 자랑하였다. 이탈리아 요리 중 Pasta요리가 중국에서 전해졌다는 문헌도 있으나 그것은 마르코 폴로(Marco Polo)가 저술한 『동방견문록』에서 중국의 음식을 상세히 소개하고 그 음식을 만드는 방법, 즉 레시피(Recipe)를 소개하였다는 기록에서 나온 것으로 추정된다. 이미 그 이전인 로마제국 때 잉여된 밀을 이용하여 Pasta를 만들어 건조시켜 저장했다는 기록이 있다. 하지만 Marco Polo가 저술한 중국음식 만드는 방법을 소개한 것이 세계 최초의 조리 Recipe였다는 설에는 공감이 간다. 또한 세계 최초로 활자화되어 인쇄된 책자가 성경과 요리책이었다고 한다.

지금까지 우리가 서양조리의 역사와 발전 과정을 학습하면서 느낀 점은 무엇인가? 그것은 서양에서는 일찍부터 조리사들이 추앙받고 존경받음으로써, 조리사로서의 긍지와 자부심이 대단했고 모든 요리가 기록으로 남겨지고 전수되어 옴으로써 현재의 서양요리가 세계화되어 존재한다고 보아야 한다는 것이다.

여기에서 우리가 알고 넘어가야 할 것은 왜? 한국 요리는 세계적인 요리가 못 되었는가 하는 점이다. 음식의 다양성, 조리방법, 지역적 특성, 어느 것 하나 세계에 내놓아도 부족한 점이 없다.

그런데 한국 요리가 왜 국제화되지 못했는지에 대해 알고 우리 후진들이 한국 요리의 우수성을 세계에 널리 알려 국제화시키는 데 노력을 게을리하지 말아야 할 것이다.

한국 요리가 세계화되지 못한 이유는 무엇인가?

첫째, 조리사가 천하게 여겨졌다. 때문에 제대로 된 이론과 기술을 배울 수 있는 능력이 부족한 자들이 많았다.

둘째, 천한 직업을 선택하려는 자가 많지 않았다.

셋째, 궁중요리나 가정의 전통비법 등을 기록으로 남기지 않았다.

넷째, 남에게는 절대 전수하여 주지 않았다.

이러한 것들을 타파하고 우리 조리사들의 위상과 긍지와 자부심을 갖기 위하여 우리는 무엇을 어떻게 해야 하는가?

우리의 위상, 나의 위상은 스스로 높이는 것이 아니다. 남들이 그렇게 느끼고 보아주고 생각하는 것이다. 그렇게 되기 위해서는 나의 수준을 높여야 한다. 그 수준에 맞게 능력을 갖추어야 한다는 것이다. 그 능력을 갖추기 위해서 가장 중요한 것은 위에서 얘기했듯이 조리사가 되기 위한 기본기인 것이다. 진정한 조리사 정신을 배운다면 조리기술은 그렇게 중요한 것이 아니다. 조리기술이란 하루아침에 배우는 것이 아니고 경륜이 쌓이면서 점차적으로 배우는 것이기 때문이다. 그러나 기본이 안 된 상태로 습관화되면 훌륭한 조리사로 성장하기 어렵다 해도 과언이 아니다.

진정한 조리사는 어떠한 경우에도 자신이 만든 요리에 대한 책임과 사명감을 잊어서는 안 되며 모든 요리는 조리사가 정성을 다해 먹는 사람을 위해 진정한 마음으로 만들어야 한다.

맛의 세계에서 질서와 미를 추구하면서 미각에 역점을 두어 맛을 창조하는 진정한 지휘자는 조리사들이다. 예술적 감각에 가득 찬 전통적인 요리를 조리하는 것은 공장에서 기계적으로 생산하는 것으로 대신할 수 없다. 과학이 발달하고 인터넷, 자동화 시대로 발전하여도 예술의 요리를 감식할 미식가는 영원히 존재할 것이며 조리사의 위상은 더욱 높아질 것이다.

03 이탈리아 조리의 기초 지식과 각 지역 요리의 특성

이탈리아 조리의 기초

이탈리아 요리의 조리방법은 먹는 사람에게 어떠한 색깔, 질감, 향, 맛으로 그들의 입맛을 돋워줄 것이냐에 따라 단순하게 행해질 수도 있고 정교하게 행해질 수도 있다. 이탈리아 음식은 너무 양이 많거나 만드는 데 시간이 많이 걸리므로 현대인들의 일상 생활과는 잘 맞지 않는다고 생각하는 사람도 있지만 실제로 어떤 요리에서도 제공할 수 없는 맛과 위생적인 음식으로 쉽게 만들어 먹을 수가 있다. 이탈리아 사람들은 일상 생활속도가 빨라지면서 간편하고 손쉬운 조리방법을 강구하기 시작했다. 현재 이탈리아 음식에는 예전의 전통음식과 다른 새로운 것도 있다. 이탈리아 사람들은 기존의 조리방법을 고집하지만 먹을 때에는 새로운 방법을 택하는 등의 비교적 개방적인 면을 볼 수 있다.

이것은 역사적으로 이탈리아 사람들이 식재료를 이웃 지역에서 쉽게 구할 수 있었기 때문이며, 과거에는 이탈리아 요리의 지역적 특색이 뚜렷하였으나 현대에 와서는 지역적 구분이 명확하지 않게 변천되고 있기 때문이다. 즉 북부지방의 고르곤졸라 치즈를 남부지방의 피자 위에 사용하는 등으로 각 지역의 특성을 살려 좋은 점만을 골라 서로 조화를 이룰 수 있게 개발하고 있다는 것이다. 이렇게 음식을 개발하고자 하는 태도는 예전부터 전문조리사들의 전통이기도 하다. 이러한 꾸준한 노력과 개발이 오늘날 이탈리아 음식이 인기 있고 사람들이 선호하게 된 동기가 된 것이라고 볼 수 있다. 현재 우리는 퓨전이라는 말을 흔히 접하게 된다. 그러나 퓨전은 이미 이탈리아에서 벌써부터 행해지고 있었다는 것을 이해해야 한다.

또 하나, 이탈리아 요리가 현대의 식생활문화와 맞는 것은 복잡한 코스요리를 고집하지 않기 때문으로 실제로 주요리라고 하는 개념이 적다는 것이다.

이탈리아 각 지역 요리의 특성

이탈리아는 각 지역마다 특징적인 요리를 가지고 있다. 즉 각 지역은 역사적, 지리적, 또는 생산되는 농수산물의 차이에 따라 그 생산물을 이용한 독특한 요리를 갖고 있기 때문이다. 북부지방의 경우 파스타를 만들 때 버터를 이용한 요리가 많은데 별로 변형하지 않고 평범한 형태로 만들어졌다. 반면에 남부지방은 비교적 향신료를 많이 사용하며 버터 대신 올리브유를 주로 사용한다.

피에몬테주(Piemonte)

이탈리아의 북서부지방으로 지도상 맨 윗부분에 위치하며 주로 이탈리아 요리의 변화를 주도하는 지역이다. 수도로 토리노시가 있으며 마술의 도시로 정평이 난 곳이다. 이 지역은 1860년 이탈리아가 통일된 후 이탈리아의 국가 산업발전을 주도하였다. 롬바르디아주(Lombardia)의 밀라노(Milano)와 토리노(Torino)는 이탈리아 경제의 진원지였으며, 이곳은 처음으로 상업적인 식사 제공이 이루지도록 한 곳이기도 하다.

피에몬테에서는 과일과 채소가 많이 생산되며 유명한 화이트 트러플(White Truffle) 재배지로도 알려져 있다. 토리노는 1946년까지 이탈리아를 통치했던 사보이가의 왕좌가 있었고 이탈리아 최초의 수도이기도 했던 곳으로 이탈리아 역사상 빼놓을 수 없는 중요한 역할을 한 곳이기도 하다.

리구리아주(Liguria)

리구리아주는 피에몬테주의 서부지방에 위치하며 산맥의 웅장함이 돋보이는 곳으로 제노바(Genova)가 수도이며 제노바는 중세부터 중요한 해양 도시로, 라스페치아(La Spezia)와 사보나(Savona) 등의 항구도시와 함께 해양문화의 전통을 가지고 있다. 바다에서 생산되는 다양한 종류의 해산물을 이용한 요리가 특징이다. 이들 해산물은 부야베스(Bouillabaisse) 식의 해산물 수프 또는 안티파스토로도 제공된다. 이 지역의 요리에는 Rosemary, Majoram, Sage, Thyme, Oregano 등의 다양한 향신료가 사용된다. 리구리아는 이탈리아식 만두(Ravioli)를 처음 만든 곳으로도 알려져 있다. 재료로는 양송이, 치즈, 돼지고기, 쇠고기, 송아지고기 등 다양한 식재료가 사용되고 있다.

제노바는 아메리카 대륙을 발견한 크리스토퍼 콜럼버스의 출생지이기도 하다.

롬바르디아주(Lombardia)

롬바르디아주는 북서부지방의 중앙부분에 위치하고 있으며 이탈리아에서 가장 풍요롭고 가장 개발이 잘 되었으며 가장 인기 있는 지역들이 밀집한 곳이다. 주요 농산물은 쇠고기, 우유, 버터, 치즈이며 세계적으로 유명한 블루 치즈 중 하나인 고르곤졸라(Gorgonzola) 치즈도 Lombardia의 한 마을 이름에서 유래되었다. 수도로 밀라노가 있으며 밀라노는 요리뿐 아니라 각종 유행을 창조하는 도시로 정평이 나 있다. 대표적인 요리로는 옥수수를 이용한 폴렌타(Polenta), 쌀을 이용한 리조토(Risotto) 등이 유명하며 밀라노풍 리조토와 스파게티 밀라네즈는 아주 유명하다. 이처럼 북부요리는 소재가 풍부하다. 특히 아드리아해에서 잡히는 게, 정어리, 뱀장어 등을 사용한 생선요리가 있고 쇠고기를 사용한 포도주찜, 달팽이, 소시지 등이 있다.

트렌티노알토아디제주(Trentino Alto Adige)

이탈리아 북동부의 가장 윗부분에 위치하고 있으며 독일문화가 조화되어 있는 곳으로 가르다(Garda)호수, 스텔비오(Stelvio)국립공원, 웅장한 돌로미테산맥을 끼고 있는 곳이다. 볼차노(Bolzano)의 훌륭한 상징적 기념물인 포르타 델 비노(Porta del Vino) '와인의 문'은 볼차노 고딕양식의 대성당 안에 있는 문으로 포도밭에서 일하는 사람들의 모습을 예술적으로 매우 훌륭하게 조각해 놓았다. 이는 이 지역이 커다란 포도 경작지이기 때문에 지역적 특성을 살려 와인에 대한 경의를 표한 작품이라 할 수 있겠다.

트렌티노(Trentino)는 독일식 요리법이 강하게 흡수되어 있는 특징이 있다. 독일의 전통적인 돼지고기 요리와 그 생산품은 이 지역에 소개되어 Smoking과 Curing으로 고기를 보존하는 기술이 전통적으로 발전했다.

트렌티노 지역의 또 하나의 특징은 손쉽게 구할 수 있는 재료로 만들어진 Dumpling과 비슷한 형태의 요리가 많다는 것이다. 달고 신맛이 나는 요리는 북쪽 지방에 사는 사람들의 미각에 잘 맞으며 달콤한 소스는 구운 요리에 제공된다.

베네토주(Veneto)

이탈리아 북동부의 대표적인 주로 Veneto 하면 바로 베네치아(Venezia)를 떠올릴 것이다. 이곳은 아드리아해로 흐르는 여러 개의 강과 비옥한 농지로 둘러싸여 있다.

Venice(Venezia), Verona, Padoba, Vicenza, Treviso 등의 도시가 모여 하나의 도시국가 형태를 이루고 있다. 북쪽의 Dolomites산맥을 따라 길게 뻗어 있는 Veneto 지역은 아드리아해안을 따라 긴 해안에 위치하고 있다. 세계적으로 이름난 항구 베니스는 해안선의 중앙에 위치하고 있으며 로비고 프로방스의 포 델타(Po Delta)강이 흐르는 전 지역의 자연경관 또한 뛰어나다.

Veneto 요리는 Rice(Riso), Beans(Fagioli), Baccala(말린 대구), Polenta 등의 기본적인 네 가지 재료로 구성되어 있다. 베니스인들은 후추, 계피, 정향 등의 향신료와 초콜릿, 커피 등을 포함한 국제무역을 선도하였으며 이는 식품들을 빠르게 베니스 요리에 이용하게 하는 계기가 되었다.

Veneto는 이탈리아에서 농업생산량이 많은 곳 중 한 곳이다. 쌀은 이 지역의 특산물이며 산간지역에서는 옥수수, 아스파라거스, 체리, 사과, 야생버섯, 올리브, 포도, 치즈 등이 생산되고 생선과 해산물은 강과 바다에서 생산되었다. 이러한 식품들은 베니스로 통하는 길을 만들었고 조리사들은 그러한 식재료에 향과 풍미를 조화시켜 새로운 조리법을 개발하였으며 그 결과 특색이 뚜렷한 이탈리아 요리로 남게 되었다.

1797년에 붕괴된 베네치아제국은 1815년까지 나폴레옹과 프랑스의 지배를 받았고 그 이후에는 오스트리아의 지배를 받았다.

에밀리아-로마냐주(Emilia-Romagna)

이탈리아의 중부지방은 Emilia-Romagna, Tuscany(Toscana), The Marches, Umbria와 Lazio이다. 이곳은 오래전에 로마(Rome)였던 지역이다. 이탈리아에서 가장 풍요로운 지역 중 한 곳이며 고대의 유명한 대학들과 현대 예술 및 문화의 중심지로 훌륭한 건축물과 예술품으로 가득 찬 곳이기도 하다.

Emilia-Romagna는 다양하고 품질 좋은 식재료를 사용하며 조리기술 또한 뛰어나다. Parma에서 만들어지는 Culatello, Prosciutto Ham, Felino 그리고 또 다른 지역에서 다양하게 만들어지는 Salami를 포함하여 Bologna의 Mortadella와 Modena의 Zampone와 같은 돼지고기 제품들은 이탈리아에서는 최상으로 취급된다.

Parmigiano-Reggiano는 이탈리아에서 만들어지는 가장 좋은 치즈이다. 또한 불로장생의 맛과 향을 발한다는 Balsamic Vinegar를 생산하는 지역이다.

Bologna 지방의 북서쪽에서 만들어지는 Parmesan Cheese는 세계적으로 정평이 나 있다. Parma의 언덕 지역은 Ham을 가공하기 좋은 공기와 기후조건을 가지고 있다. 돼지고기와 다채로운 향신료로 다양한 종류의 Sausage를 생산하여 Bologna의 Delicatessen에서 판매한다.

토스카나주(Toscana)

14~16세기의 토스카나는 휴머니즘과 르네상스 시대가 태어나고 발전한 곳이자 시대의 문화와 예술을 근본적으로 새롭게 하려는 움직임이 활발했던 곳으로, 유럽의 심오한 문화의 업적을 남긴 곳이며, 세계적으로 유명한 기울어진 피사의

탑도 이곳에 있다.

Toscana에서 생산되는 올리브 오일은 세계 최고의 품질이며 Toscana인들은 간, 가금류, 조그마한 조류, 엽조류와 함께 쇠고기를 즐기지만 양고기는 중부 지방에서 가장 인기 있는 육류 중 하나이다. 또한 키안티(Chianti)와 브루넬로(Brunello)와 같은 유명한 와인을 생산하는 곳이기도 하다.

움브리아주(Umbria)

움브리아는 행복과 인내의 시인 성 프란체스코가 태어난 곳이며, 그의 출생지인 아시시(Assisi)는 유명한 성지순례지이기도 하다. 초록이 무성한 이곳은 화려하고 눈부신 자연과 기념비적이고 예술적인 문화재로 가득하다.

움브리아에서 생산되는 올리브유 역시 세계 최고의 품질을 자랑한다.

라치오주(Lazio)

그리스도교의 수도이자 영원한 아름다움의 도시인 로마가 이곳 라치오주의 주도이다. 교황청이 있는 이곳은 그 어디와도 비교할 수 없는 고대 건축물과 예술품의 보고라고 할 수 있다. 리에티(Rieti), 비테르보(Viterbo), 라티나(Latina) 같은 교외의 주요 도시에도 로마와 로마 이후 시대의 발자취가 많이 남아 있는 곳이다.

이탈리아 요리뿐만 아니라 서양요리의 근원이라 할 수 있는 곳이 바로 이 지역이라 할 수 있으며 일찍부터 로마의 조리사들은 새로운 맛을 얻기 위하여 단맛, 신맛, 매운맛과 신선한 맛을 조합하기도 하였다. 꿀과 과일은 육류와 치즈에 잘 어울리고 신맛은 녹색 채소에 잘 어울린다는 것을 발견하기도 하였다. 로마인들은 각지로부터 식재료를 얻을 수 있었으나 실제로 요리에 사용한 것은 중부와 남부에서 생산된 것이었다.

캄파니아주(Campania)

이탈리아 하면 우선 떠올릴 수 있는 곳이 이곳 캄파니아주의 수도인 나폴리이다. 나폴리는 남부 이탈리아의 상징적인 도시이기도 하며 또한 나폴리 음악은 전 세계에 잘 알려져 있다. '오 솔레미오'를 한번이라도 들어보지 않은 사람이 있을까.

오늘날 이탈리아의 식생활은 보다 적은 양, 빠른 식사시간으로 국제적인 경향을 띠고 있는데 남부 이탈리아의 가정 식생활도 그러한 경향을 띠고 있는 곳이다. 긴 해안이 있어 아름다운 자연을 감상할 수 있는 남부지방 사람들은 전통을 소중히 여긴다. 역사적으로 가뭄, 비옥하지 않은 토양, 지진, 나폴리 인근의 Vesuvio 화산이 있는 곳이다.

외국인들이 생각하는 이탈리아 요리는 대개 남부, 특히 나폴리 요리다. 나폴리는 이탈리아에서 인구밀도가 가장 높은 곳으로 로마와 밀라노 다음으로 가장 큰 도시이며 독특한 문화를 가지고 있다. 나폴리는 지중해의 오른쪽에 있어 해산물이 풍부하고 화산폭발로 인한 영향을 거의 받지 않아 남부에서 가장 비옥한 토지를 가지고 있다. Campania 요리는 내륙이나 바다에서 생산되는 모든 것을 이용하여 요리하며 신선도와 풍미를 최대로 살리기 위해 조리과정이 조금 복잡하기도 하다.

나폴리인들은 육류요리도 즐겨 먹지만 파스타, 생선류, 채소류와 과일을 더욱 즐겨 먹는다. 남부 이탈리아인들은 대부분 즉석에서 만든 신선한 파스타보다 건조시킨 파스타를 더욱 좋아한다. 이것은 필요시 저장할 수 있고 다양한 소스를 곁들이기에 적합하기 때문이다. 또한 이 지역은 좋은 품질의 토마토, 레몬 등을 생산하며 이를 이용한 요리가 다양하다. 토마토는 파스타와 잘 어울리며 샐러드에도 애용되고 육류와 생선류의 소스에도 첨가되며 피자 위에 토핑하기도 한다. 이 지역 남쪽의 Volturno강 습지에 흰 물소들이 서식하고 있다. 이 물소의 젖으로 약간 새콤하면서 독특한 맛의 버펄로 치즈(Mozzarella di Bufala)를 만들고 있다. 나폴리는 피자와 스파게티가 유명하며 남부지방에서 파스타가 발달한 이유는 생활이 넉넉지 못했기 때문이라 한다. 이처럼 이탈리아 요리는 기후, 풍토, 지리적 조건 등에 의해 지방마다 특색 있게 만들어졌으며 로마, 아라비아, 노르만인 등의 지배를 받아 이들의 문화적 영향도 컸다. 또한 15세기 메디치(Medici) 왕조는 프랑스 요리에 많은 영향을 끼쳤다.

이 밖에 남부지방 중앙에 위치하고 있는 바실리카타주(Basilicata)는 신석기 시대의 단면을 볼 수 있는 곳이며 지도상 장화 뒷굽처럼 생긴 풀리아주(Puglia)가 있고 장화의 앞굽처럼 생긴 칼라브리아주(Calabria)가 있다.

시칠리아(Sicilia)

이탈리아에는 Sicilia(Sicily)섬과 Sardengna(Sardinia)라는 거대한 두 개의 섬이 있다. 그리스에 대해 더 알고 싶다면 시칠리아로 가라는 말이 있듯이 시칠리아에는 지금도 고대 그리스 시대의 주요 도시들이 상존하고 있다. 시칠리아는 3천 년 이상 동안 유럽과 북아프리카 사람들의 진출과 침략의 무대였으며, 스페인과 프랑스로부터 많은 영향을 받은 것도 사실이다. 시칠리아로 온 사람들은 페니키아, 그리스, 카르타고, 로마, 비잔틴, 아랍, 노르만, 프랑스, 스페인, 이탈리아 본토 즉 거의 모든 지역에서 왔다. 이곳의 중심도시 Palermo는 인구가 밀집되어 있으며 Conca d'Oro로 알려진 시칠리아섬의 북쪽 끝 해안에 위치해 있다.

이곳에서 생산되는 오렌지, 밀감과 레몬은 시칠리아 요리의 오묘한 색깔과 짜릿한 맛을 더해준다. 서부 시칠리아는 기후가 건조하고, 아프리카로부터 뜨거운 바람이 불며 토지는 다른 곳에 비해 비옥하지 않다. 이곳에서 생산되는 포도는 Marsala와 같은 디저트 와인을 생산하는 데 적합하다. Trapani는 주요 어항이며 소금을 생산한다. 시칠리아섬 내륙은 쌀과 밀의 재배에 알맞은 곳이다. 로마 점령기에 도입되어 재배된 밀은 로마제국에 제공되었다. 이곳도 파스타를 처음 만들기 시작한 지역 중 하나이다. 시칠리아의 생활과 농업 그리고 음식이 일치하는 것은 태양 때문이다. 풍부한 일조량은 맛과 향이 좋은 과일과 채소를 재배할 수 있는 조건이 되었고 포도, 무화과, 자두, 토마토와 생선을 건조시키는 데 영향을 미쳤다. 그리고 건조식품을 오래 저장할 수 있어서 시칠리아인들의 식탁에는 일 년 내내 풍성한 음식이 놓일 수 있었다.

사르데냐(Sardegna)

자연의 아름다움을 간직한 곳으로 투명한 바다와 유쾌한 성격의 사람들이 있다. 풍부한 맛을 내는 음식과 다양한 고대문명을 간직한 사르데냐는 문화가 살아 숨쉬는 곳으로, 영국의 유명한 작가 로렌스(D. H. Lawrence)는 “사르데냐는 시간과 역사만 남겨진 곳”이라 쓰고 있다.

사르데냐섬은 1860년대에 이탈리아와 통일되었으며 페니키아인, 카르타고인, 로마인, 아랍인, 비잔틴과 스페인 사람 등이 이 섬에 왕래했지만 외부의 침입을 거의 받지 않아 샤르데냐만의 독특한 문화를 가지고 있다는 자부심이 대단하다.

내륙에서는 양을 길러 고기를 생산했고, 양유로 만든 여러 형태의 페코리노 치즈는 외지인이 이 섬을 새롭게 인식하는 계기가 되었으며 내륙 산중의 추위를 막을 수 있는 양모를 생산한다. 목동들은 양을 치며 여행하는 동안 쉽게 먹을 수 있는 치즈, 소시지, 빵 등과 같은 음식을 좋아하고 신부를 맞이할 때 빵 굽는 능력을 중시한다. 전통 음식인 건조빵 Pane Carasau는 양치기들이 뜨거운 물이나 맑은 수프에 쉽게 풀어먹을 수 있으며 토마토 소스, 치즈 또는 달걀 프라이와 함께 먹기도 한다. 사르데냐의 디저트는 매우 유명한데 카놀리(Cannoli)를 비롯하여 아몬드, 꿀, 건조과일, 오렌지 껍질 등을 사용한 디저트가 많다.

04 이탈리아 요리에 사용하는 식자재

1) 향신료(Le Erbe Aromatiche, Herb & Spice)

큰 의미에서 Spice는 향신료, 향미료, 양념 등으로 번역되며 조리에서 구분되는 Herb와 Spice로 구분하는데 향초 식물을 Herb로 그 외의 뿌리, 열매, 꽃 등으로 이루어진 것을 Spice라 칭하는 것이 일반적이다.

허브(Herb)

푸른 풀이라는 뜻을 갖고 있는 라틴어의 허바(Herba)에서 비롯된 허브(Herb, 향신채)는 고대에는 향과 약초만을 일컫는 단어였지만 현대에 와서는 약, 요리, 향료, 살균, 살충 등에 사용되는 식물 전부를 의미하게 되었다. 산이나 물가 어느 곳이든 뿌리를 내리고 잘 자라는 허브를 보통 서양식물로 생각하는 경우가 많으나, 이는 우리에게 허브라는 이름으로 알려지기 시작한 식물들이 로즈마리, 세이지, 타임, 민트 등 서양의 허브들이었기 때문이다. 하지만 우리 음식에 사용되는 깻잎이라든지 쑥 등도 허브의 일종이며 대표적인 양념인 마늘, 파, 생강, 고추 등은 스파이스이다.

스파이스(Spice)

스파이스는 향신채의 뿌리, 껍질, 줄기, 과일, 종자 등의 모든 식물성 재료를 말한다. 스파이스에는 방향성과 자극성이 뛰어난 후추, 계피 등이 있으며 독특한 맛과 향, 색은 음식의 풍미를 내는 데 사용된다. 고추, 겨자, 고추냉이, 산초 등이나 샤프란, 파프리카 같은 방향성 착색제도 스파이스에 속한다. 역사적으로 보면 몰루카제도(인도네시아)는 클로브, 육두구의 산지로서 향료제도로 불리며 15세기부터 17세기에 걸쳐 유럽인이 동양에 진출하기 위한 큰 목적지였다. 마젤란의 세계일주는 몰루카제도를 서쪽으로 돌아서 도달하려는 것이었으며, 콜럼버스의 목적도 스파이스와 황금이었다.

스파이스와 인류의 결착은 아직 수렵이 생활의 중심이었던 무렵에 시작되었다고 할 수 있다. 고대 이집트, 그리스, 중세 유럽을 통해서 향신료는 고가이며 국가의 귀추를 결정하는 중요한 물건이었다. 즉 세계 구조에 변화를 가져온 것도 향신료를 중심으로 전개되었다고 할 수 있다.

그 당시 향신료는 약효를 가진 식물로써 사람들에게 이용되었다. 인류가 그 시작부터 약초를 여러 형태로 이용하고, 그중에서 생활하는 데 도움이 되는 식물을 선택한 것은 당연하다. 그것이 시대를 거쳐감에 따라 체계화되고 정리되었다. 고대 그리스에서는 식물을 사용한 약용 처방이 완성되었다. 세계의 판도가 확대됨에 따라 허브는 유럽 전역으로 확산되었고 마침내 미국에 들어와 사람들에게 널리 애용되었다.

향신료의 용도와 효과

향신료는 요리의 주재료가 아니라 세계 각지의 여러 식재에 첨가하여 조리 시 맛과 풍미를 부여하는 데 이용되었으며 그 종류와 사용방법도 다양하다.

그러나 조리에는 크게 네 가지 기능으로 나뉘어 사용된다.

- 향기 부여 : 식욕을 불러일으키는 좋은 향기를 요리에 부여한다.
- 냄새 제거 : 육류나 생선의 냄새를 완화시키거나 맛있는 냄새로 바꾼다.
- 식욕 증진 : 매운맛과 향기로 혀나 코, 위장에 자극을 주어 타액이나 소화액의 분비를 촉진하며 식욕을 증진시킨다.
- 색 부여 : 요리에 식욕을 불러일으키는 색을 부여한다.

또한 향신료를 효과 면에서 보면 부패균의 증식이나 병원균의 발생을 억제하는 방부제로써의 효과, 곰팡이나 효모의 발생을 억제하는 효과, 유지류나 체내 지질의 산화방지효과, 소화효소 등의 작용을 활성화하는 효과, 건위정장제 등으로써의 약리효과 등이 있는 것으로 연구 발표되었다.

사용방법에서 보면 요리의 조미 등 조리 중에 이용하는 것, 완성 후의 요리나 조리 마무리에 이용하는 것, 탁상에서 사용하는 것 등으로 나누어진다.

향신료를 요리에 사용할 경우 너무 많이 넣지 않도록 유의해야 하고 분량을 적게 사용하면 실패가 적다. 또한 단품으로 이용하는 경우도 있지만 여러 종류를 섞어 사용하면 더욱 깊은 맛을 즐길 수 있다.

조리 시 향신료를 가미하는 타이밍도 중요하다. 조리 중 향기가 강한 것은 도중에 빼내거나 향기가 날아가는 것은 도중에 넣는 등 사용방법에 익숙해지도록 노력해야 한다.

이탈리아 요리에 사용되는 대표적인 허브(Herb)

● 민트[Mint(영)/Menthe(불)]

민트는 그 종류가 많다. 고기요리의 맛을 내거나 소스에 이용되며 젤리나 드링크류, 디저트 등에 이용된다. 애플민트, 오렌지민트 등의 종은 그 잎의 방향에서 붙여진 이름이다.

● 베이리프[Bay Leaf(영)/Laurier(불)]

베이리프는 월계수 잎으로 상큼한 향기와 다소 쓴맛이 나며 어린잎은 정유율도 높고 향기가 좋다. 건조된 잎은 방향이 강하여 카레, 스튜 등의 조림요리나 베이직 소스에 사용된다.

● 바질[Basil(영)/Basilico(불)]

길이 20~70cm의 자소의 종류로 꽃이 피기 전에 사용한다. 허브의 왕으로 유럽에서 널리 사용되고 있다. 토마토와 잘 맞으며 이탈리아 요리의 스파게티, 피자, 토마토 소스, 샐러드 등에 고루 쓰인다.

● 처빌[Chervil(영)/Cerfuil(불)]

미나리과로 유럽 남부부터 동부가 원산지이다. 약간 단맛이 나는 것으로 채소요리, 생선요리, 소스 등에 이용되며 가열하면 향기가 날아가기 때문에 마무리 직전에 넣는다.

● 딜[Dill(영)/Aneth(불)]

미나리과로 메소포타미아 일대와 고대 이집트에서도 약초로 사용되었다. 생선요리의 소스, 감자요리 등에 사용되며 특히 연어, 청어 등과 잘 어울린다. 피클은 종자를 이용하면 강한 향기가 나며, 어린잎을 절이면 상큼한 단 향기가 느껴진다.

● 파슬리[Parsley(영)/Prezzemolo(불)]

파슬리는 매우 다양하게 쓰이는 것으로 신선한 향과 좋은 맛 그리고 밝은 그린색의 독특한 조합 때문에 장식물로도 이용된다. 육류나 생선의 잡냄새를 없애주며 소스에도 사용된다. 사용하기 바로 전에 다지면 향의 휘발을 줄일 수 있다.

● 로즈마리[Rosemary(영)/Romarin(불)]

이탈리아인들은 로즈마리를 아주 좋아하며 많이 이용하는데 특히 고기의 풍미를 돋우기 위해 사용한다. 향이 아주 강하므로 조금씩 사용해야 한다. 로즈마리는 상록수 관목이지만 양지바른 곳에서 잘 자란다.

● 마조람[Majoram(영)/Marjolaine(불)]

지중해에서부터 아라비아가 원산지로 고대 그리스, 로마시대부터 이용되었다. 생엽 또는 건조시킨 것을 이용하는데 약간 단 향과 쓴맛이 난다. 이탈리아 요리의 소시지, 채소요리, 고기요리, 수프 등에 이용된다.

● 오레가노[Oregano(영)/Origan(불)/Origano(이)]

유럽에서부터 서아시아가 원산지로 건조시킨 잎을 사용한다. 개화 후에 잎을 수확한 것이 향기가 좋다. 독특한 매운맛과 쓴맛이 토마토요리에 잘 어울린다. 이탈리아, 지중해 요리의 피자, 오믈렛, 드레싱 등에 이용된다. 최근에는 프레시 허브도 나오고 있다.

● 타임[Thyme(영)/Thym(불)]

남유럽이 원산지로 기품 있는 상쾌한 향기와 매운맛을 지닌다. 살균이나 방부 효과가 있으며 고대에는 육류의 보존에 이용되었다. 육류나 생선류의 냄새 제거에 적당하며 햄, 소시지, 피클 등의 가공식품에 잘 사용된다. 크림조림이나 생선의 뫼니에르, 허브오일이나 허브버터 등에도 어울린다.

● 세이지[Sage(영)/Salvia(불)]

향이 강하여 돼지고기나 송아지요리에 적합하며 뇨끼(Gnocchi)에 사용할 버터 소스와 파스타 요리에 사용한다. 세이지 잎을 기름에 튀겨 안티파스토로 사용하기도 한다.

● 타라곤[Tarragon(영)/Estragon(불)]

국화과로 풀 전체는 쑥과 유사하나 잎은 가늘다. 단맛 외에 약간의 쓴맛이 나며 셀러리와 유사한 향기를 가졌다. 가늘고 긴 잎을 건조해서 이용한다. 닭요리와 버터나 크림을 이용한 소스에도 이용된다. 와인 비네거에 타라곤을 넣은 타라곤 비네거도 친숙하다.

대표적인 스파이스(Spices)

● 후추[Pepper(영)/Poivre(불)]

인도 남부가 원산지로 현재도 인도가 주산지로 되어 있다. 후추의 과실을 건조시킨 것이 스파이스로 이용되며 보급용도가 가장 넓은 스파이스이다. 식욕을 불러일으키는 상큼한 향기와 짜릿한 매운맛이 나며, 블랙 페퍼, 화이트 페퍼, 그린 페퍼, 핑크 페퍼 등이 있다.

● 블랙 페퍼[Black Pepper]

검게 익기 직전의 과실을 건조시킨 것이다. 블랙 페퍼로 향기와 매운맛이 강하고 고기요리에 잘 맞는다.

● 화이트 페퍼[White Pepper]

화이트 페퍼는 완숙한 과실의 껍질을 제거해서 건조시킨 것으로 향, 맛 모두 블랙 페퍼보다 순하다.

● 그린 페퍼[Green Pepper]

그린 페퍼는 익기 전의 과실을 건조시킨 것이다.

● 넛맥[Nutmeg(영)/Muscade(불)]

서인도제도의 그레나딘섬과 스리랑카가 주산지이다. 육두구(넛맥)는 10~20m에 이르는 고목으로 과실은 익으면 터지고, 선명한 적색의 껍질로 둘러싸인 흑갈색의 껍질이 메이스이며 껍질을 깬 안의 갈색 종자가 넛맥이다. 단 향기와 약간의 쓴 풍미를 지니며 간 고기요리, 감자, 호박 등의 채소요리, 쿠키나 케이크, 파이 등에 풍미를 내는 데 이용된다.

● 페페론치노[Chili(영)/Pimento(불)]

원산지는 아메리카 대륙이다. 신선한 것, 말린 것, 달이거나 간 것을 사용하며, 마리네이드, 전채, 살라미, 소스, 파스타, 생선, 육류 등에 사용한다. 고추는 종류에 따라 매운 정도가 다르지만, 멕시코, 태국 등 세계 곳곳에서 사용한다.

● 클로브[Clove(영)/Girofle(불)]

몰루카제도가 원산지인 상록교목으로 개화 전 꽃봉오리를 건조한 것을 스파이스로 이용한다. 별명을 백리향이라 부를 정도로 향기가 강하다. 단맛을 느끼게 하는 강한 향기는 고기의 냄새를 제거하는 데 효과적이다. 건조시킨 봉오리를 돼지고기나 햄 등에 통째로 찔러 넣어 굽거나, 스튜에 사용한다. 향기가 강하므로 적은 양을 사용한다.

● 캐러웨이[Caraway(영)]

미나리과 식물의 열매를 통째로 또는 대강 간 것을 스파이스로 이용한다. 상큼한 향기와 더불어 부드러운 단맛과 쓴맛이 난다. 치즈, 빵, 쿠키 등에 향기와 단맛을 낸다.

● 커민[Cumin(영)/Cumin(불)]

미나리과로 투르키스탄이 원산지이며 스파이스로 이용되는 것은 길이 6mm 정도의 종자로 커민이라고 한다. 가장 오래된 스파이스로『신약성서』등에도 기술되어 있다. 케이크, 빵, 스튜 등의 육류요리, 피클, 소시지 등에도 잘 맞는다.

● 샤프란[Saffron(영)/Safran(불)]

붓꽃과로 원산지는 지중해 동부지방이다. 향신료로 이용되는 것은 꽃의 암술을 저온으로 건조시킨 것이다. 1kg을 얻기 위해서 15만 송이 이상의 꽃이 필요한 고가의 향신료이다. 물에 녹이면 선명한 황금색이며 독특한 단 향과 쓴맛이 있지만 향미보다 착색성이 강한 스파이스다. 생선요리에 잘 맞으며 부야베스나 스페인의 빠에야에는 필수적이다.

● 샬롯[Shallot(영)/Echalote(불)]

프랑스 요리나 이탈리아 요리에 향미 채소로써 빼놓을 수 없는 샬롯은 일견 작은 양파와 같지만, 그 안은 여러 개로 구분되어 있다. 재배의 역사는 오래되었고, 유럽에서는 양파와 같이 요리의 맛을 내는 데 구형을 이용하고 있다.

● 차이브[Chive(영)/Civette(불)]

백합과로 유럽, 아시아, 북아메리카 등에 널리 분포되어 있다. 파의 종류 중에서 가장 작으며 잎도 가늘고 짧다. 파의 냄새가 나지 않으며 부드럽고 델리케이트한 향기를 즐긴다. 샐러드나 허브버터, 수프, 오믈렛, 고기, 채소요리 등 어떤 요리와도 잘 맞는다.

2) 대표적인 식재료

올리브(Olives)

올리브나무는 물푸레나무과로 분포지역은 이탈리아, 그리스, 프랑스, 미국 등이며 높이 5~10m로 수많은 가지가 달린다. 잎은 마주나고 긴 타원형이며 가장자리가 밋밋하고 뒷면에 비늘 같은 흰 털이 밀생한다. 꽃은 황백색이며 늦은 봄에 피고 향기가 있다. 열매는 핵과로 타원형이며 자흑색으로 익는다. 터키가 원산지라고 하며 BC 3000년부터 재배해 왔고 지중해 연안에 일찍 전파되었다. 주요 생산국은 이탈리아, 스페인, 그리스, 프랑스 등이다.

식용으로 나와 있는 올리브는 그린올리브(Green Olives)로 익기 전에 수확하여 가공한 것, 스터프트 올리브(Stuffed Olives)는 그린올리브의 씨를 빼내고 레드피망으로 속을 채운 것, 완전히 익은 것을 따서 가공한 것을 블랙올리브(Black Olives) 또는 익었다고 해서 라이프 올리브(Life Olives)라 한다.

『구약성서』의 「창세기」에는 "비둘기가 저녁 때가 되어 돌아왔는데 부리에 금방 딴 올리브나무 이파리를 물고 있었다. 그제야 노아는 물이 줄었다는 것을 알았다"고 기록되어 있는데 이것이 바탕이 되어 올리브 잎이 평화와 안전의 상징이 되었다.

● 올리브유

올리브나무의 열매에 함유된 30~70%의 기름으로 압착법, 추출법으로 채유한다. 올리브유는 『구약성서』에도 기록이 있을 정도로 오래전부터 이용되었던 식용유로 용도가 다양하다. 생산지역은 지중해 연안과 미국이며 한국에서는 전혀 생산되지 않는다. 지방산의 주성분은 불포화지방산인 올레산으로 함량은 65~85% 정도이며, 포화지방산으로는 팔미트산이 주성분이다. 그 외에 토코페롤(비타민 E), 페놀화합물, 식물성 스테롤 등이 함유되어 있어 산화방지 및 노화방지 효과가 있으며 장에서 콜레스테롤의 흡수를 막는 작용도 있다. 식용으로는 샐러드유,

마요네즈, 드레싱, 튀김용, 볶음용 등으로 널리 사용된다. 식용유 중에서 최고품으로 세계적으로 귀중하게 사용되는데 특히 그리스, 스페인, 이탈리아에서 요리에 가장 널리 사용되고 있다.

● 올리브유와 식용유의 차이점

① 올리브유에는 콜레스테롤이 전혀 없다.

② 대두유나 옥수수유의 경우 유전자 조작 식용유의 가능성이 높으나 올리브유는 100% 안전한 천연식품이다.

③ 올리브유에는 인체에 보석과도 같은 성분(단순 불포화지방산과 항산화물질 등)이 다량 함유되어 있어 성인병 예방과 피부미용관리에 탁월한 효과가 있다.

④ 일반적으로 식물성 씨앗에서 채취된 식용유는 화학처리과정을 거쳐서 생산되나 좋은 품질의 올리브유는 물리적 압착방법에 의해 생산된다.

⑤ 올리브유의 지질성분은 모유성분과 유사해서 인체에 100% 흡수 · 분해된다.

● 좋은 올리브유

① 올리브유는 올리브의 생주스와 같다. 따라서 무공해 지역에서 농약을 사용하지 않고 재배된 좋은 과실로 올리브의 귀한 성분이 절정기에 오른 시점인 열매가 완숙되기 직전에 수거 채취하면 올리브의 좋은 성분이 가장 잘 보존될 수 있다.

② 올리브의 적인 공기 중 산소, 직사광선, 고열, 금속으로부터 보호되고 열매 채취에서부터 올리브유의 생산까지 3일 이내에 물리적 저온압출방식으로 생산해야 한다.

③ 올리브는 첫 번째로 압출하여 얻은 엑스트라 버진 올리브유, 여러 번에 걸쳐 추출된 버진, 정제 처리한 올리브유에 버진 올리브유를 첨가한 퓨레 올리브유로 그 품질이 구분된다.

● 토마토(Tomatoes)

일반적으로 이탈리아 요리 하면 제일 먼저 떠오르는 것이 스파게티나 피자와 함께 붉은 소스가 연상된다. 그것이 바로 토마토를 사용한 소스이다. 이탈리아 요리에서 빼놓을 수 없는 필수적인 재료가 바로 토마토이다. 토마토는 페루, 에콰도르가 원산지로 여기에서 중앙아메리카, 멕시코에 전파되었다.

유럽에는 16세기에 도입되어 처음에는 관상용이었으나 19세기에는 채소로써 이탈리아를 중심으로 품종이 개량되어 다양한 품종이 육성되었다.

● 성분의 특징

토마토는 비타민 A, C를 비교적 많이 함유하고 있다. 신맛의 주성분은 구연산으로 미네랄도 많다. 열매의 주황색은 카로틴, 적색은 라이코펜이라는 색소에 의한다. 알칼리식품으로써의 의의도 있으며 생식으로 먹거나 조리 외에 주스, 퓨레, 케첩 등으로도 이용한다.

● 이탈리아 토마토(Pomodori Sanmarzano)

산마르자노 토마토는 껍질이 얇고 속살이 두꺼우며 비교적 씨가 적게 들어 있어 요리에 적합하다. 나무에 달린 상태로 태양빛을 쪼이며 잘 익은 토마토라야 맛이 좋으며 소스를 만들면 토마토 특유의 향취가 난다.

● 발사미코 식초(Balsamico Aceto)

주성분은 초산이고 보통 3~5% 함유되어 있다. 이 밖에 식초에는 원료에서 유래하거나 발효로 생긴 각종 유기산이나 아미노산이 함유되어 있어 특유한 향미를 낸다. 이들 식초가 지닌 향미나 상큼한 신맛이 타액이나 위액의 분비를 촉진시켜 식욕을 증진시킨다. 식초는 살균효과가 강하며 음식물의 pH를 내리기 때문에 식품의 부패를 지연시켜 식중독 방지에 도움을 준다.

이탈리아 모데나(Modena) 지방의 전통 식초인 발사미코 식초는 와인과 포도과즙을 원료로 해서 목재로 만든 통에 숙성시켜 만든다. 부드러운 단맛과 향기가 나며 각종 요리, 샐러드 드레싱 등에 사용된다.

● 트러플[Truffle(영)/Truffe(불)]

'식탁의 다이아몬드'라고 해서 프랑스나 이탈리아의 고급요리에 이용하는 버섯의 일종이다. 수확할 때는 훈련된 암퇘지나 개가 트러플 특유의 a-안드로이드 스테로이드에 유인되어 땅속 30~50m 이내에서 트러플을 찾아낸다. 트러플에는 White Truffle과 Balck Truffle이 있는데 이탈리아 북부 산악지역에서 나는 White Truffle을 제일로 친다.

● 모렐[Morels(영)/Morille(불)]

유럽에서 특히 즐기는 버섯으로 두부와 줄기로 이루어지며, 높이는 10cm 전후, 맛을 내는 성분으로 비단백성인 아미노산, 향기성분으로 페닐크로톤 알데히드가 함유되어 있다. 식감이 좋으며 수프, 조림 등의 양식요리에 적합하다. 분말은 조미료로 사용된다.

● 포르치니[Porcini(영)/Cépe(불)]

유럽에서 좋아하는 3대 버섯 중 하나이며 이 중 포르치니를 최고로 친다. 이탈리아어로 포르치니라고 하며 '포르치노', 즉 '돼지 같은'이나 '돼지 닮은 뚱뚱보'라는 형용사의 명사형으로 포동포동한 꼬마돼지 같은 애교 만점의 버섯이다.

육질은 다부지게 단단하며, 시즌에는 생으로 조리하여 먹으나, 일반적으로 건조품으로 유통되는 것이 많다. 올리브 오일 통조림으로 유통되기도 한다.

포르치니는 향기와 맛의 조화가 뛰어난 버섯으로 씹는 맛과 감촉이 아주 좋다. 이탈리아 요리에서는 주로 파스타요리에 쓰이는 경우가 많다. 또한 오믈렛에 넣어 먹어도 맛있다.

3) 가공육류

햄과 소시지의 기원

햄과 소시지의 기원이 정확하지는 않지만 농경과 축산이 덜 발달한 수렵 원시

시대부터 고기를 소금에 절이거나 건조시켰던 데서 유래된 것으로 보인다. 5000년 전에 메소포타미아 지방에서 수메르인이 돼지창자에 혼합한 고기를 넣은 소시지를 만들어 먹었다는 설과 로마시대에 소시지가 번창해서 많은 이가 먹었다는 기록이 있는 것으로 보아 꽤 오래전부터 만들어진 듯하다. 아시아에서는 중국에서 남북조시대(AD 420~589)에 이미 소시지가 개발된 것으로 알려져 있다.

가공육

가공육이란 말 그대로 고기를 가공한 식품이다. 고기를 갈아서 모양을 변형시키거나 소금에 절이고 훈연 · 건조 · 열처리 등의 과정을 통해 고기의 본래 성질이나 형태를 변화시킨 것으로 영양 많은 고기를 좀 더 맛있고 먹기 좋게 하기 위해 개발된 제품을 말한다.

이러한 유가공품은 원료고기의 부위와 가공방법에 따라 크게 햄, 소시지, 베이컨, 식육 통조림 등으로 구분된다.

햄(Ham)

햄이란 원래 돼지의 넓적다리 살을 가리키는 말이다. 돼지의 뒷다리부위 육을 원료로 한 육제품으로 돼지고기를 소금에 절여 훈연하거나 삶아 독특한 풍미를 첨가한 보존성을 가진 대표적인 육가공품이다. 햄의 어원은 4800년 전 중국에서 비롯된 것으로 돼지를 '한로우'라고 불렀다는 것이 어원이 된 것으로 보이며 그 이름과 만드는 방법이 중앙아시아를 거쳐 유럽으로 전해진 것으로 알려져 있다. 그리스에서는 기원전 10세기경부터 고기를 보관하기 위해 훈연하거나, 소금에 절였다는 기록이 있다.

햄의 종류

- 로인 햄(Loin Ham) : 돼지의 등심부위를 염지 · 훈연 · 가열처리한 것
- 본레스 햄(Boneless Ham) : 돼지의 뒷다리를 정형해 골발하고 염지한 후 훈

연 · 가열한 것

- 본인 햄(Bone-in Ham) : 돼지 뒷다리의 뼈를 제거하지 않고 염지한 후 훈연 · 가열처리한 것
- 프레스 햄(Pressed Ham) : 돼지고기의 육을 그대로 살려 염지, 훈연, 가열 과정을 거친 것으로 햄과 소시지의 중간형태 제품이라 할 수 있으며 스모크 햄이라고도 한다.

● 소시지(Sausage)

돼지고기 등 여러 가지 육류를 통째로 또는 부위별로 염장한 후 곱게 갈아 동물의 창자 또는 인공 케이싱에 채워 삶거나 훈연처리한 육가공품을 말한다.

소시지의 어원은 라틴어 Salsicia로부터 유래되었으며 이 말은 소금에 절인다는 뜻의 Salsicius로부터 유래된 것으로 소시지의 기원이 염지와 관련이 있음을 말해준다.

소시지의 원형은 아주 오래전으로 거슬러 올라가 호메로스의 시 「오디세이」에서 발견된 것처럼 적어도 3000년 전부터 식육가공이 시작되었다고 할 수 있다.

고대 로마제국은 소시지의 왕국으로 불릴 정도로 소시지가 일반화되었으며 그 후 십자군에 참가했던 병사들이 귀향해 그 제조법을 재현 발전시킨 것이 독일의 프랑크소시지와 뮌헨소시지, 오스트리아의 비엔나소시지, 이탈리아의 볼로냐소시지, 프랑스 리옹소시지 등이다. 그 외에도 로마노, 제노아, 튜링거 등 지역의 고유 이름이 붙은 유명한 식육가공품이 만들어졌다.

● 베이컨(Bacon)

돼지의 삼겹살 부위를 절각하여 소금, 정향, 후추 등의 향신료로 양념하여 염지한 후 훈연한다. 대개의 베이컨은 훈연하여 슬라이스한 다음 팬 프라이를 하거나 오븐에 익혀 먹는다.

*판체타(Pancetta) 베이컨은 훈연하지 않은 것으로 삶아 먹는 것도 있다.

● 살라미(Salami)

발효 · 건조 소시지인 살라미는 약 250년 전 이탈리아 북부지방에서 처음 생산되었으며 제조공정이 긴 것이 특징이다. 혼합육 소시지는 돼지고기와 소고기를 혼합하여 만들기도 한다.

이탈리아의 유명 소시지, 햄

● 밀라노 살라미(Milano Salami)

밀라노 살라미는 돼지고기와 소고기 그리고 돼지비계를 혼합한 뒤 여기에 마늘과 후추, 그리고 화이트 와인을 넣어 만든 것으로 전채(Antipasto)로도 사용한다.

● 페페로니(Pepperoni)

이탈리아의 드라이 소시지(살라미)로 페페로니는 돼지고기와 소고기를 혼합한 뒤 여러 가지 강한 스파이스를 넣은 것이다. 특히 매운맛으로 레드페퍼를 사용하며 페페로니 피자로 명명하는 등의 피자용 살라미로도 유명하다.

● 초리조(Chorizo)

초리조 살라미는 원래 스페인이 원산지이다. 그라운드한 돼지고기와 피멘토를 넣은 초리조는 향긋한 향이 일품이다.

● 나폴리 살라미(Napoli Salami)

아주 오래전부터 이탈리아의 나폴리에서 생산된 전통적인 드라이 소시지이다. 그라운드한 돼지고기와 소고기를 혼합한 것으로 블랙 페퍼를 많이 넣어 아주 매운맛이 특징이다.

● 토스칸 살라미(Toscan Salami)

이탈리아 토스카나 지방의 명물로 유명한 토스칸 살라미는 돼지고기와 돼지비계만 사용하여 다른 살라미와는 달리 굵게 만든 것과 돼지비계가 많이 들어간 것이 특징이다.

● 살라멜레(Salamelle)

이탈리아 프레시 소시지의 일종인 살라멜레는 콜드컷(Cold Cut)의 일종으로 다양한 스파이스를 사용한 소시지이며 전채로 사용한다.

● 볼로냐(Bologna) 소시지

콜드컷(Cold Cut)이라 하면 떠올리는 대표적인 이탈리아 소시지이며 볼로냐 지방의 특산물이다. 곱게 간 돼지고기에 통후추와 피스타치오 등 각종 향신료를 넣고 만든다. 지름 10~15cm 정도 크기의 인조 케이싱에 넣고 시머링(Simmering)한 다음 훈연한 것이다. 완전히 식힌 후 슬라이스하여 빵 위에 얹어 먹거나 안주용으로 그대로 섭취한다.

● 부레사올라(Bresaola)

각종 스파이스를 넣고 염지한 후 건조시킨 쇠고기로 만든 식품이다. 드라이 비프(Dried Beef)의 일종으로 고기를 통째로 사용하는 것이 특징이며 이탈리아 롬바르디아의 특산물로 오르되브르 등에 사용한다.

● 프로슈토(Prosciutto)

이탈리아에서 가장 유명한 햄의 일종이다. 일명 파머햄으로 더 잘 알려져 있다. 전채 등으로 널리 사용되며 오르되브르, 메뉴에 Low Ham with Melon이라 하면 머스크 멜론에 파머햄을 얹어주는 것이다.

4) 와인(Wine, Vino)

와인의 정의

넓은 의미의 와인은 과실을 발효시켜 만든 알코올 함유 음료를 말하지만 일반적으로 신선한 포도를 원료로 한 포도주를 의미하며 우리나라 주세법 역시 과실주의 일종으로 정의하고 있다.

와인의 어원은 라틴어의 비님(Vinum)으로 포도나무로 만든 술이라는 의미이다. 세계 여러 나라에서 사용하는 와인을 뜻하는 말로는 이탈리아의 비노(Vino), 독일의 바인(Wein), 프랑스의 뱅(Vin), 미국과 영국의 와인(Wine) 등이 있다.

또 와인은 다른 술과 달리 제조과정에서 물이 전혀 첨가되지 않은 것으로 알코올 함량이 적고, 유기산, 무기질 등이 파괴되지 않은 채 포도성분이 그대로 살아있는 술이다.

실제로 와인의 성분을 분석하면 수분 85%, 알코올 9~13% 정도이고 나머지는 당분, 비타민, 유기산, 각종 미네랄, 폴리페놀(동맥경화 예방에 효능이 있는 카테킨 등)로 구성되어 있다. 와인의 맛은 토질, 기온, 강수량, 일조시간 등 자연적 조건과 포도 재배방법 그리고 양조법에 따라 달라지며 나라와 지방마다 와인의 맛과 향이 다르다.

기원전부터 인류에게 사랑받아 왔으며 각종 모임이나 행사의 식사용 음료로써 맛과 분위기를 돋우고 더 나아가 서구문명의 중요한 일부분을 차지하고 있는 와인을 한마디로 정의하기는 어렵다. 하지만 플라톤의 말처럼 "인간에게 신이 내려준 최고의 선물"임에는 틀림없는 것 같다.

와인의 역사

와인을 누가 처음 만들어 마셨는지 알 수는 없지만 고고학자들이 발굴한 유적과 효모에 의해 발효가 저절로 일어나는 와인의 특성상 와인은 인류가 마시기 시작한 최초의 술로 보인다.

기원전 6000년경 과일 압착 시에 사용한 것으로 보이는 유물과 기원전 4000년경 와인을 담았던 것으로 추정되는 유물로 보아 와인의 역사는 기원전 4000년경 전에 시작된 것으로 보인다. 또한 포도 재배과정이 그려진 고대 이집트의 벽화와 아시리아의 유적, 페르시아의 진흙그릇 등을 통해 기원전 약 3500~3000년경에는 와인이 많이 음용되었음을 알 수 있다.

와인을 신의 축복이라 말하는 그리스는 기원전 600년경 페니키아인들에 의해 포도와 와인을 전해받은 유럽 최초의 와인 생산국이었다. 이러한 고대 그리스의 뒤를 로마가 이어나감으로써 포도 재배지역은 확장되었다. 특히 로마는 식민지를 넓힐 때마다 포도 재배와 와인 양조를 하게 하였고 와인 양조기술을 발달시켜 대량생산을 가능케 했다.

중세시대에 와서는 교회의 미사나 성찬용으로 또 의약용으로 그 중요성이 강조되면서 포도 재배나 와인 양조기술이 매우 발전하게 되었다. 게다가 대형 와인 공장이 생기고 교회에서 필요한 양보다 많은 양을 생산하여 주된 수입원이 되기도 하였다.

한편 영국에서는 와인소비가 갑자기 급증하기도 하였는데 이는 헨리 2세가 보르도의 앨러너 공주와 결혼하면서 보르도가 영국령이 되어 와인이 세관 통관 없이 수출되었기 때문이다. 그러나 이때의 와인은 배고픔과 통증을 잊게 해주는 하나의 수단인 동시에 물 대신 마시는 음료로 사용되었다.

근대에 들어서는 생활의 향상과 명문 와인의 등장, 병에 넣어 보관하는 방법, 편리한 운반 등으로 인해 와인의 보급은 물론 소비량 역시 크게 늘어났다. 또한 1679년 프랑스 돔 페리뇽에 의해 샴페인 제조법이 발견되었고 와인 병 마개로 코르크의 사용이 일반화되었다. 이때부터 품질에 따라 등급이 매겨졌으며 유럽 전 지역뿐만 아니라 신대륙에서도 와인의 수요가 급증하여 중요한 무역상품이 되었다.

한편 18세기 후반 미국에서 수입된 야생 포도나무의 뿌리에 있던 필록세라선충이라는 기생충이 유럽 전역의 포도원을 황폐화시키는 위기가 있었지만 저항력이 강한 미국산 포도묘목과 유럽 포도묘목의 접붙이기로 해결할 수 있었다. 1860년 미생물에 의해 발효와 부패가 일어난다는 사실이 파스퇴르에 의해 발견되어 효모의 배양, 살균, 숙성에 이르는 와인 제조방법이 크게 발전을 이루었다.

포도 재배와 압축기, 여과기 등 양조기술의 발달로 훌륭한 와인이 많이 생산되었는데 1935년 프랑스에서는 와인에 대한 규정인 AOC를 제정하여 와인의 철저

한 품질관리를 통해 세계적 명성을 유지하고 있다. 이에 이탈리아, 독일, 미국, 호주, 스페인 등이 비슷한 와인법을 시행함으로써 와인의 품질을 유지, 발전시켜 나가고 있다.

교통의 발달로 와인의 생산과 교역이 활발해졌고 아시아 개발도상국의 경제가 발전됨에 따라 이들 지역에도 와인이 확산되고 있다.

오늘날 와인은 프랑스, 스페인, 이탈리아, 독일 등의 유럽 전통 와인 생산국들과 미국, 칠레, 남아공, 아르헨티나 등의 약 50여 개국에서 연간 250억 병이 생산되고 있다.

와인의 분류

와인의 색깔, 맛, 향은 어느 하나로 규정할 수 없을 정도로 그 종류가 다양하지만 이렇듯 다양한 와인의 종류를 몇 가지 기준에 의해 분류해 보면 다음과 같다.

① 색깔에 의한 분류

② 식사 시 용도에 의한 분류

③ 제조방법에 의한 분류

④ 당분함량에 의한 분류

● 색깔에 의한 분류

① **화이트 와인(White Wine)** : 물처럼 투명한 것에서부터 엷은 노란색, 연초록색, 볏집색, 황금색, 호박색을 띤다. 잘 익은 청포도는 물론이고 적포도를 이용하여 만드는데, 포도를 으깬 뒤 바로 압착하여 나온 주스를 발효시켜 맛이 순하고 상큼하다. 일반적인 알코올 농도는 10~13% 정도이며, 8도 정도로 차게 해서 마셔야 제맛이 난다.

② **레드 와인(Red Wine)** : 붉은 벽돌색, 자주색, 루비색, 적갈색을 띤다. 적포도로 만드는 레드 와인은 포도 껍질에 있는 붉은 색소를 추출하는 과정에서 씨와 껍질을 그대로 넣어 발효하므로 떫은맛이 난다. 일반적인 알코올

농도는 12~14% 정도이며 화이트 와인과는 달리 상온(섭씨 18~20도)에서 제맛이 난다.

③ **로제 와인(Rose Wine)** : 엷은 붉은색이나 분홍색을 띤다. 레드 와인과 같이 껍질을 함께 넣고 발효시키다가 어느 정도 색이 우러나오면 껍질을 제거한 채 과즙만으로 와인을 만든다. 보존기간이 짧고 오래 숙성하지 않고 마시는 로제 와인은 색깔로는 화이트 와인과 레드 와인의 중간이라 할 수 있지만 맛으로 보면 화이트 와인에 가깝다.

● 식사 시 용도에 의한 분류

① **식전용 와인(Aperitif Wine)** : 본격적인 식사를 하기 전에 식욕을 돋우기 위해 마신다. 한두 잔 정도 가볍게 마실 수 있도록 산뜻한 맛이 나는 화이트 와인이나 샴페인, 셰리 등을 마시면 좋다.

② **식사 중 와인(Table Wine)** : 보통 와인이라 하면 식사 중 와인을 의미한다. 테이블 와인은 식욕을 증진시키고 분위기를 좋게 하는 역할 외에도 입안을 헹궈내어 다음에 나오는 음식의 맛을 잘 느낄 수 있게 해준다.

③ **식후용 와인(Desert Wine)** : 식사 후에 입안을 개운하게 하기 위해 마시는 와인이다. 약간 달콤하고 알코올 도수가 약간 높은 디저트 와인을 마신다. 포트나 셰리가 대표적인 디저트 와인에 속한다.

● 제조방법에 의한 분류

① **스파클링 와인(Sparkling Wine)** : 발포성 와인이라 부르는데, 이것은 발효가 끝나 탄산가스가 없는 일반 와인에 설탕을 추가해서 인위적으로 다시 발효를 유도해 와인 속에 기포가 있는 와인을 가리킨다. 특히 프랑스 샹파뉴 지방에서 생산되는 것만을 샴페인이라 부르는데, 이 샴페인과 이탈리아의 스푸만테가 대표적인 스파클링 와인이다. 알코올 도수는 대체로 9~14%이다.

② **스틸 와인(Still Wine)** : 비발포성 와인이라고도 하는 스틸 와인은 흔히 우리가 마시는 보통의 와인이다. 제조과정에서 발생되는 탄산가스를 제거한 것

으로 보통 알코올 도수가 8~14%이며 단맛부터 씁쓸한 맛까지 다양하다.

③ **주정강화 와인(Fortified Wine)** : 스페인의 셰리나 포르투갈의 포트 와인처럼 발효 중 증류주를 첨가해 알코올 함유량을 16~20% 정도로 높인 것이다.

④ **가향 와인(Flavored Wine)** : 와인 발효 전후에 과실즙이나 쑥 등 천연향을 첨가하여 향을 좋게 한 것이다. 베르무트(Vermouth)가 가향 와인의 대표적인 예로 칵테일용으로 많이 쓰인다.

● 당분함량에 의한 분류

맛은 포도즙 내 당분이 완전 발효되지 않고 남게 되는 잔당에 의해 느껴진다. 레드 와인은 대부분 드라이한데 색깔이 짙을수록 드라이한 경향이 있으며 화이트 와인은 색깔이 엷을수록 드라이한 성향을 띤다. 단맛의 유무에 따라 크게 드라이 와인과 스위트 와인, 그리고 중간 격인 미디엄 드라이 와인으로 나눌 수 있다.

① **드라이 와인(Dry Wine)** : 포도 발효 시 천연 포도당이 모두 발효되어 단맛이 거의 나지 않는다.

② **미디엄 드라이 와인(Medium Dry Wine)** : 드라이와 스위트의 중간으로 약간의 단맛이 있다.

③ **스위트 와인(Sweet Wine)** : 드라이와는 반대로 발효 시 천연 포도당이 남아 단맛이 난다. 주로 식후 디저트와 함께 마신다.

이탈리아 와인의 특징

이탈리아는 19세기 후반에 통일국가를 형성하였다. 이러한 역사적 배경은 이탈리아의 와인산업에도 많은 영향을 끼쳤다. 그 이전까지 지역적인 개성을 중시해 각기 소국가를 형성하며 살아왔던 이탈리아의 지방분권적인 지배구조 때문에 이탈리아 와인산업은 체계화되지 못하고 외부 세계로의 홍보도 부족하였다. 또한 국내 소비량이 전체 생산량의 60% 이상을 차지하여 와인 수출에 적극적이지 않았던 것도 한 원인이었다. 하지만 오늘날 이탈리아는 각 지방의 개성을 충분히 살리는 동시에 수천 년에 걸친 양조기술의 노하우와 창조적인 현대 과학기술을 접목하여 다양성과 질적인 면에서 세계 최고 수준이라는 평가를 받고 있다.

대표적인 와인 산지와 포도품종

삼면이 바다로 둘러싸인 이탈리아는 북쪽으로 알프스, 남쪽으로는 시칠리아섬에 이르기까지 국토 전역에서 포도가 재배된다. 이탈리아의 고급와인에 쓰이는 포도는 대개 평지보다 언덕의 경사진 곳에서 수확한 것이다. 낮과 밤의 기온차가 뚜렷한 고지대에서 재배된 포도는 향긋한 향이 오랫동안 지속되어 좋은 와인을 생산할 수 있다.

북서쪽으로는 알프스와 접한 고산지대의 와인 산지 발레다오스타(Valle d'Aosta)와 바롤로와 바르바레스코로 유명한 피에몬테가 속한 북서부지방은 네비올로로 돌체토, 바르베라 등의 최상급 이탈리아산 적포도가 유명하다.

오스트리아와 경계를 이루고 있는 북동지방에는 가르가네가, 토가이, 리볼라 등 토종 백포도품종이 있으며, 피노 그리지오와 샤르도네, 소비뇽 등 외래품종의 산지가 유명하다.

남동쪽으로는 이탈리아 White Wine의 대명사 격인 소아베를 생산하는 베네토, 더 남쪽의 토스카나는 토종 산조베제를 주품종으로 하는 Red Wine인 키안티와 브루넬로의 산지로 유명하다.

지중해성 기후의 특혜를 받고 있는 남부에서는 전통 이탈리아 와인의 묵직한 맛을 내는 적포도품종이 주종을 이룬다.

전통적으로 유명한 이탈리아 와인으로는 키안티(Chianti), 베르무트(Vermouth), 마르살라(Marsala) 등이 있다.

모든 와인은 포도의 맛과 성분의 영향을 받는데 그중 하나가 품종이다.

와인을 만드는 데 사용되는 대표적인 품종은 다음과 같다.

● 네비올로(Nebbiolo)

가장 많이 재배되는 적포도로 당분이 많아 알코올 도수가 높게 나온다. 바롤로와 바르바레스코 와인의 주품종이며 감칠맛 나는 와인으로 텁텁하기도 하고, 진하기도 하며, 씁쓸하기도 한 맛을 지녔다.

● 산조베제(Sangiovese)

유명한 키안티를 만드는 적포도로 오래 숙성시키지 않으며 가볍고 신선한 맛이 특징이다. 키안티는 산조베제를 주로 사용하여 서로 다른 여러 종류의 포도를 혼합하여 만든다.

● 바르베라(Barbera)

피에몬테 지방의 바베라디 피에몬테 와인을 만드는 적포도로 타닌 함량이 많다. 북서부지방은 네비올로와 돌체토, 바르베라 등의 최상급 이탈리아산 적포도가 유명하다.

● 돌체토(Dolcetto)

피에몬테 지방에서 생산되는 7종의 DOC 와인을 만드는 적포도로 부드럽고 풍부한 맛을 지닌다.

● 트레비아노(Trebbiano)

이탈리아의 대표적인 청포도이다.

● 말바시아(Malvasia)

그리스에서 건너온 청포도로 주로 시칠리아섬에서 재배되며 향이 강하고 맛이 풍부하다.

피에몬테주의 와인

이 지역 와인의 명성은 네비올로라는 포도품종 때문이다. 바롤로와 바르바레스코 와인은 감칠맛 나는 와인으로 텁텁하기도 하고, 진하기도 하며, 씁쓸하기도 한 맛을 지녔다.

바롤로와 바르바레스코는 어느 정도 숙성기를 거쳐야 하는데 바롤로는 3년 이상 숙성되어야 하며 '리제르바'라는 이름을 얻기 위해서는 5년 동안 숙성시켜야 한다.

바르바레스코는 최소 2년간 숙성시켜야 하며 4년간 숙성시켜야 리제르바라는 이름을 얻을 수 있다. 전통적인 방법으로 생산된 바롤로와 바르바레스코는 수확연도로부터 10~20년간의 숙성기를 갖기도 한다.

토스카나주의 와인

토스카나주의 완만한 경사지는 고대 로마시대부터 와인을 생산했을 정도로 오랜 역사를 지닌 이탈리아 와인의 대명사로 여겨지는 키안티 와인의 생산지이다. 키안티는 토스카나 지역의 대부분을 차지하는 넓은 지역으로 여기에서 생산되는 와인은 대부분의 이탈리아산 와인처럼 음식과 곁들이기에 아주 좋다. 키안티는 산조베제를 주로 하며 서로 다른 여러 종류의 포도를 혼합하여 만든다.

이탈리아의 와인등급체계

이탈리아의 와인등급체계는 원칙적으로 제조과정에 대한 신뢰도를 의미하기 때문에 와인의 맛을 100% 보장하지는 않는다. 오히려 숙성기간을 제약하는 등 지나치게 까다로운 규제 때문에 자신만의 고유한 방식을 고집하는 맛 좋은 와인이 여전히 IGT나 VdT등급에 머물러 있는 경우도 많다.

● DOCG

DOC등급에 속하는 와인들의 슈퍼리그로 인식되어온 DOCG는 고품격의 정통성은 보장하지만 종종 품질관리상 허점을 드러낸다. 이 엘리트 그룹의 업그레이드 원칙에도 불구하고 DOCG급 와인은 자체적으로 매우 엄격한 기준에 의해 생산된다.

● DOC

특정 지역에서 생산되는 와인을 구분하는 근본적인 등급체계로써 전통적으로 오랜 세월 동안 그 효력을 발휘해 왔으나 구시대적이라는 지적을 받아왔다. 이러한 규정은 최근 들어 보다 완화되어 생산자들의 생산량 제한과 기술 현대화를 자극하는 한편, 고급품의 경우 지방자치단체나 단일농장 차원의 자체 승인을 가능케 하는 신규기준을 적용시키고 있다.

● IGT

특정 지방이나 지역을 구분하기 위해 산지별 등급구분이 시작되었다.

● VdT

특정 규정이나 별도 지역 구획이 적용되지 않는 지역에서 생산되는 테이블 와인으로 저렴하고 기본적인 와인은 물론, 티냐넬로를 위시해 슈퍼 투스칸 와인으로 지칭되는 혁신적이고 창조적인 와인들도 이에 속한다. 그러나 최근 이탈리아 와인에도 점차 유럽식 기준이 적용됨에 따라 팬시 와인은 DOC나 IGT로 분류되고 이외에 별도의 빈티지나 지역 구분 없이 비앙코, 로소 또는 로사토 등으로 간단히 분류될 전망이다.

대표적인 이탈리아 와인

① 올리베토 클라시코(Oliveto Classico)

② 피노 그리지오(Pinot Grigio)

③ 키안티 곤팔로네(Chianti Gonfalone)

④ 키안티 클라시코 펩폴리(Chianti Classico Peppoli)

⑤ 메를로(Merlot, R)

⑥ 피노 그리지오(Pinot Grigio, W)

⑦ 키안티(Chianti DOCG, R)

⑧ 키안티 클라시코(Chianti Classico DOCG, R)

⑨ 키안티 리세르바(Chianti Riserva, R)

이탈리아 와인과 요리

와인은 그냥 마시는 것보다 어울리는 음식과 함께 마실 때 더욱 돋보인다. 이탈리아에서 와인을 말할 때 빠지지 않는 단어로 '아비나멘토(Abbinamento)'가 있는데 이는 연결, 조화를 의미하는 단어로 와인과 음식의 조화를 가리킨다. 식탁에서 와인을 빼놓는 법이 없는 이탈리아인들은 음식과 이에 어울리는 와인 고르는 일을 매우 중요시한다.

음식의 맛에 따라 선택할 수 있는 종류의 폭이 다양하고 그 음식의 맛을 한층 돋우어주는 와인은 식탁에서 마시기에 가장 적절하다.

와인과 음식의 아비나멘토에는 몇 가지 규칙이 있는데, 그것은 바로 서로의 부족함은 채워주고, 장점은 각각 부각시켜 주는 것이다. 대개는 와인의 특성이 음식의 특성과 반대될 때 가장 잘 조화된다.

예를 들어 지방이 많은 음식에는 연하면서도 약간 신맛이 도는 와인을 곁들이면 입안을 개운하게 하고 느끼한 맛을 줄여준다. 반면 디저트처럼 단맛이 강한 음식에는 오히려 단맛을 강조하는 달콤한 와인을 곁들이는 것이 좋다.

또한 와인의 구조는 요리와 균형을 이루어야 한다.

즉 여러 가지 재료가 들어가고 조리하는 데 많은 손길이 필요한 음식에는 잘 숙성된 깊은 맛의 와인이 어우러져야 한다. 이에 비해 가볍고 부드러운 요리에는 향이 너무 강한 와인보다는 순수하고 가벼우며 신선한 와인을 곁들이는 것이 좋다.

● 아비나멘토(Abbinamento)의 예

- 생선이 들어간 전채요리 : 약간의 발포성이 있는 드라이한 White Wine
- 오믈렛 또는 튀김요리 : 숙성이 잘된 Rose Wine

- 해산물 파스타 : 약간의 단맛이나 드라이한 맛의 부드러운 White Wine
- 송아지고기 요리 : 가볍고 신선한 Red Wine
- 돼지고기 요리 : 2년 정도 숙성시킨 Red Wine
- 붉은 살코기 요리 : 2~5년 정도 숙성시킨 풍부한 맛의 Red Wine

5) 치즈(Cheese)/Formaggio(이)

고대 로마인들은 다양한 치즈의 제조방법을 완성하고 그 기술을 유럽에 전파하였다. 초기 로마인들은 치즈를 많이 만들어 먹었는데 주로 염소젖이나 양젖으로 치즈를 만들었으며 응고제로는 무화과즙을 사용했다고 한다. 레닛을 사용하게 되면서 치즈 제조기술은 더욱 발달하여 기원전 1세기에는 이미 다양한 종류의 치즈가 만들어지고 있었다.

로마인들은 치즈를 무척 좋아하여 하루 세 끼 중 두 끼는 치즈를 함께 먹었고, 치즈를 이용한 요리가 많이 발달하였으며 로마 병사들의 주된 음식 중 하나이기도 했다. 하드 치즈 제조기술의 발달은 로마제국이 번성함에 따라 로마 병사들과 함께 이웃 나라에 전파되었다. 이탈리아의 치즈 제조기술은 모두 고대 로마인들로부터 전수된 것이라 할 수 있다.

이탈리아 치즈

치즈는 이탈리아 요리에서 중요한 역할을 한다. 그것은 로마시대 이래로 기본식품이 되어왔으며 많은 요리에 치즈를 가미한 요리법이 개발되었다. 치즈와 육류, 치즈와 가금류, 치즈와 채소류 및 안초비가 결합된 요리들이 이탈리아의 전통요리들이다. 리코타 치즈와 같은 소프트 치즈는 음식뿐만 아니라 디저트에도 널리 사용된다. 또한 파마산 치즈는 수프 또는 파스타의 고명 역할을 하기도 한다. 이탈리아 각 지역에서 생산되는 치즈는 약 450여 종이며 각 지역의 특색을 살려 만들고 있다. 그 특성을 살펴보면 소, 양, 염소, 들소의 젖을 이용하지만 그

지역의 기후 또는 온도, 가축들의 방목에 의한 것이다. 현대에는 대부분의 치즈가 공장제품이지만 치즈 생산은 이탈리아 전역에 걸쳐 독특하고 특유의 맛을 내는 특산품으로 자리 잡아 고유의 맛을 지켜나가고 있다. 유럽연합이 인정한 30종류의 치즈를 DOP급 치즈라 부르는데 특히 이탈리아 치즈는 이름에 DOP(보호받은 원산지명칭표기)와 STG(보증된 전통적인 특산물)를 붙여 원산지와 전통성을 보호하고 있다. 이탈리아 DOP 치즈 중 대표적인 치즈를 알아보자.

이탈리아의 대표적인 치즈

● 고르곤졸라(Gorgonzola)

- **원산지** : 이탈리아 Lombardia, Piemonte
- **원료유** : 젖소유
- **모 양** : 무게 6~13kg의 원통형으로 크기는 생산조건에 따라 다르다.
- **지방함유율** : 최소 48%
- **숙성기간** : 5~8℃ 온도에서 2~3개월
- **용 도** : 테이블 치즈, 드레싱, 샐러드, 파스타 등

고르곤졸라는 이탈리아의 유명한 블루 치즈이다. 이름은 이탈리아 밀라노 근처의 마을이름에서 유래되었다. 10세기 후반부터 만들어졌으며 두터운 곰팡이가 있는 것으로도 유명한데 Penioillum Glauoum이라는 곰팡이를 방사하여 만든다. 겉껍질은 거칠고 불그스름하며 몸체는 희거나 옅은 담황생이고 맛과 향은 자극적이며 톡 쏘는 매운맛이 난다. 고르곤졸라는 파스타, 뇨끼, 리조토, 폴렌타에 잘 어울린다.

그라나 파다노(Grana Padano)

* **원산지** : 이탈리아(Piemonte, Veneto, Lombardia)
* **원료유** : 젖소유
* **모 양** : 무게 24~40kg의 원통모양
* **지방함유율** : 마른 상태에서 최소 32%
* **숙성기간** : 1~2년
* **용 도** : 테이블 치즈, 소스, 가루용

기원후 1000년경 이탈리아의 티치노(Ticino)와 아다(Adda)강 사이의 넓은 초원이 유목업에 사용되면서 많은 양의 우유가 생산되었는데 남은 우유를 보전할 목적으로 만들어진 것이 그라나 파다노 치즈이다. 겉껍질은 금빛을 띠는 노란색이고 몸체는 희거나 옅은 노란색을 띠며 낟알구조이다. 향기가 있고 섬세한 맛을 가지고 있다. 그라나 파다노 치즈는 우유지방을 부분적으로 제거하고 표면에 뜨는 크림을 제거한 우유로 만들며 알갱이 같은 질감 때문에 붙여진 이름이다. (Grana는 이탈리아어로 낟알이라는 뜻)

파르미지아노 치즈와 매우 흡사하며 식사 후에 후식처럼 그냥 먹어도 좋고 가루를 내어 파스타나 그라탕 위에 뿌려도 좋다.

라구사노(Ragusano)

* **원산지** : 이탈리아(Sicilia)
* **원료유** : 젖소유
* **모 양** : 무게 10~16kg의 벽돌모양
* **지방함유율** : 40%가 안 된다.
* **숙성기간** : 6개월 이상
* **용 도** : 테이블 치즈, 그라탕

시칠리아섬 라구사(Ragusa)의 일부 마을과 시라쿠사 지역에서 신선한 사료를 먹여 사육한 소젖으로 만든다. 겉껍질은 부드럽고 얇고 촘촘하다. 황금색 또는 갈색 같은 노란색을 띠며 몸체는 오래될수록 촘촘한 구조로 흰색 또는 어두운 노란색이다. 맛은 매우 풍부하고 부드러우며 섬세한 맛을 가졌고 그라탕 요리에 적합하다.

● 라스케라(Raschera)

- **원산지** : 이탈리아(Piemonte)
- **원료유** : 젖소유에 양유나 염소유 혼합
- **모　양** : 무게 7~10kg의 둥근형 또는 사각형
- **지방함유율** : 최소 32%
- **숙성기간** : 1개월 이상
- **용　도** : 테이블 치즈

피에몬테주의 쿠네오(Cuneo) 전 지역과 라스케라(Raschera)에서 생산되어 해발 900미터 이상의 높은 지역에서 발효된다. 라스케라는 소의 우유에 양이나 염소젖을 섞어서 만든다. 겉껍질은 얇고 회색빛이 돌며 불그스름하고 치즈 몸체는 단단하고 흰색 또는 아이보리색을 띤다.

섬세하고 향이 좋으며 발효될수록 맛이 강해진다. 이 치즈는 일 년 내내 생산되며 테이블 치즈로 사용된다.

● 로비올라 디 로카베라노(Robiola di Rocaverano)

- **원산지** : 이탈리아(Piemonte)
- **원료유** : 젖소유에 양유나 염소유 혼합
- **모　양** : 높이 4~5cm, 무게 500g의 원통형

✻ **지방함유율** : 최소 45%
✻ **숙성기간** : 15~20℃에서 3일 정도
✻ **용　도** : 테이블 치즈

피에몬테주의 아스티(Asti)와 알레산드리아(Alessandria)의 일부 지역에서 생산되며 소, 양, 염소젖을 혼합하는 경우에는 우유의 비율이 85% 정도이며 염소젖만으로 생산하기도 한다.

겉껍질은 크림타입으로 단단한 껍질부위가 없고 우유색의 흰색이며 치즈 몸체는 낟알구조를 가진 흰색이다.

맛은 섬세하고 약간의 신맛을 느낄 수 있으며, 단백질 함유율이 38% 정도로 테이블 치즈로 사용되며 1년 내내 생산된다.

● 리코타 치즈(Ricotta Cheese)

✻ **원산지** : 이탈리아 전역
✻ **원료유** : 소, 양, 염소, 버펄로젖 등 다양
✻ **모　양** : 지역 풍습에 따라 다르다.
✻ **지방함유율** : 10%
✻ **숙성기간** : 15~20℃에서 3일 정도
✻ **용　도** : 디저트용, 요리용

리코타 치즈는 엄격히 따지자면 치즈라기보다는 치즈 제조과정의 부산물이라 할 수 있다. 왜냐하면 커드로 만드는 것이 아니라 치즈를 제조할 때 커드를 제거하고 남은 훼이를 다시 가열한 뒤 남아 있는 커드를 모아 만들기 때문이다. 리코타의 기원은 매우 오래되었고 이탈리아 거의 모든 지방에서 리코타 치즈를 만들며 그 종류가 매우 다양하다. 색은 아주 하얗고 크림형태이며 조직은 순두부 같

은 느낌으로 단단하지 않기 때문에 보통 용기에 담아 판매된다. 맛과 향은 부드럽고 약간 단맛이 난다. 짠맛이나 신맛, 치즈 특유의 쏘는 맛은 없다. 디저트를 만들 때 많이 사용되며 시금치 등과 섞어 요리에도 많이 사용된다.

● 마스카르포네(Mascarpone)

- ✼ **원산지** : 이탈리아 전역
- ✼ **원료유** : 크림에 소량의 우유
- ✼ **모 양** : 250g 또는 500g의 용기
- ✼ **지방함유율** : 최소 80%
- ✼ **용 도** : 제과용, 파스타용

이탈리아의 유명한 디저트인 티라미수를 만들 때 빠져서는 안 될 재료인 마스카르포네는 우유지방으로 만든 크림조직의 치즈이다. 부드럽고 신선한 아이보리색의 이 크림치즈는 이탈리아 북부 롬바르디아(Lombardia) 지역에서 만들어졌다. 우유에서 크림을 분리시켜 만들기 때문에 지방 함유량이 매우 높다.

아이보리색의 부드러운 버터 같은 형태이다. 맛과 향은 농도가 진한 크림 맛이며 약간 달고 버터 맛이 난다. 또한 부드러우면서도 약간의 신맛이 가미되어 있으며 치즈의 짠맛이나 치즈 특유의 냄새는 없다. 보통 디저트를 만드는 데 많이 사용된다.

● 모짜렐라(Mozzarella)

- ✼ **원산지** : 이탈리아(Campania, Lazio)
- ✼ **원료유** : 물소젖, 젖소유

✻ **모 양** : 눈사람 모양, 실타래 모양
✻ **지방함유율** : 45%
✻ **숙성기간** : 15~20℃에서 3일 정도
✻ **용도** : 샐러드, 피자, 그릴

남부 이탈리아가 원산지인 모짜렐라 치즈는 원래 물소의 젖으로 만들었으나 요즈음은 거의 우유로 만들어지고 있다. 숙성과정 없이 모양이 만들어지며 즉시 판매된다. 이탈리아의 나폴리 지역에서 시작된 피자에 넣은 치즈가 모짜렐라이며 요즈음도 피자에 주로 모짜렐라 치즈를 많이 사용하기 때문에 흔히 피자치즈로 많이 알려져 있다. 커드를 훼이와 섞어 부드럽고 유연한 굳기가 될 때까지 늘이고 반죽하여 모짜렐라 특유의 늘어나는 질감을 얻는다. 그리고 공이나 타원형으로 조형한 후 수분을 유지할 수 있도록 물에 넣어 저장한다.

조금 밋밋한 맛이나 부드럽고 매우 순하며 신선한 젖 냄새가 난다. 치즈 특유의 냄새가 없어 다른 치즈에 비해 단순한 맛이지만 그 자체로 본다면 우유의 응축된 맛을 느낄 수 있고 고소한 맛이 난다. 먹기 전에 1시간 이상 상온에 내놓아야 부드러운 질감과 특유의 향을 즐길 수 있다.

● 몬타시오(Montasio)

✻ **원산지** : 이탈리아(Veneto, Padova)
✻ **원료유** : 젖소유
✻ **모 양** : 원통 모양, 6~8kg
✻ **지방함유율** : 최소 40%
✻ **숙성기간** : 2~5개월, 그라탕용은 12개월 이상
✻ **용 도** : 테이블 치즈 및 그라탕용

프리울리-베네치아-줄리아 전역, 베네토의 벨루노(Belluno), 트레비소(Treviso) 전역과 파도바주의 일부에서 생산된다. 겉껍질은 부드럽고 탄탄하며 테이블 치즈도 촘촘한 구조를 지니며 자연색의 옅은 담황색으로 잘 부스러진다. 향긋하고 풍부한 맛을 가지고 있으며 그라탕에 사용된다.

● 몬테 베로네세(Monte Veronese)

- **원산지** : 이탈리아(Veneto)
- **원료유** : 젖소유
- **모 양** : 원통 모양, 7~10kg
- **지방함유율** : 최소 44%
- **숙성기간** : 25~30일
- **용 도** : 테이블 치즈

베네토주 베로나(Verona) 지역 일부 마을과 남부지방에서 만들어진다. 윗부분과 아랫부분이 거의 평평한 원통모양이고 높이 7~11cm, 지름 25~35cm 정도로 겉껍질은 얇고 탄탄하며 짙거나 옅은 담황색을 띤다. 치즈 몸체는 희거나 옅은 담황색이고 섬세하고 풍부한 맛을 가지고 있다. 소금간은 건조한 상태에서 하거나 소금물에 담가둔다. 발효는 약 30일 동안 지속되며 25일 이하로는 발효시키지 않는다.

● 무라차노(Murazzano)

- **원산지** : 이탈리아(Piemonte)
- **원료유** : 양젖 또는 혼합유
- **모 양** : 원통 모양, 300~400g
- **지방함유율** : 최소 60%
- **숙성기간** : 4~10일
- **용 도** : 테이블 치즈

피에몬테주 쿠네오(Cuneo) 지역의 정해진 마을에서 생산되며 크림타입의 치즈로 양젖으로만 제조되거나 60%의 양젖에 우유를 혼합하여 만든다. 날알모양 구조로 부드럽고 겉껍질은 우유의 흰색이 나타나며, 발효 후의 치즈는 옅은 담황색으로 섬세한 향과 풍부한 양젖 맛이 난다.

발텔리나 카제라(Valtellina Casera)

- **원산지** : 이탈리아(Lombardia)
- **원료유** : 젖소유
- **모 양** : 원통 모양, 7~12kg
- **지방함유율** : 최소 34%
- **숙성기간** : 최소 70일
- **용 도** : 테이블 치즈

롬바르디아주의 손드리오(Sondrio) 전역에서 생산되며 겉껍질은 2~4mm로, 촘촘하고 연한 노란색이 발효에 따라 더 진해지기도 한다. 치즈 몸체는 탄탄하고 자를 때 흰색에서 노란색까지 발효단계에 따라 색깔이 달라진다. 맛은 부드럽고 특이한 향이 있으며 소젖에서 부분적으로 크림을 제거하여 만든다. 온도 6~13도, 습도 최소 80% 공간에서 70일 이상 발효시킨다.

브라(Bra)

- **원산지** : 이탈리아(Piemonte)
- **원료유** : 젖소유에 양젖이나 염소젖 소량 혼합
- **모 양** : 원통 모양, 지름 30~40cm
- **지방함유율** : 최소 32%
- **숙성기간** : 부드러운 치즈 45일, 하드 치즈 6개월 이상
- **용 도** : 테이블 치즈

피에몬테주 쿠네오(Cuneo)의 브라라는 지역에서 유래한 치즈이다. 지역에서 만들어지며 부드러운 타입의 창백한 회색으로 탄탄하고 매끄럽다. 하드 타입은 딱딱하고 견고하며 어두운 베이지색이다. 맛은 풍부하고 향기가 좋으며 신선한 푸른 사료와 건초를 먹인 소의 우유를 사용하여 일 년 내내 생산된다. 특징적인 제조방법은 응고된 우유를 두 번 커드해서 압착기 속에 넣는다는 것이다.

비토(Bitto)

- **원산지** : 이탈리아(Lombardia)
- **원료유** : 젖소유 90%, 염소젖 10% 혼합
- **모 양** : 원통 모양, 8~25kg
- **지방함유율** : 최소 45%
- **숙성기간** : 최소 70일
- **용 도** : 테이블 치즈

롬바르디아주 손드리오(Sondrio)의 모든 지역과 베르가모(Bergamo)의 일부 지역에서 생산된다. 초기발효는 '카세레 달페(Casere d'Alpe : 높은 알프스의 저장고)'에서 시작되고 제조지역의 좋은 기후를 지닌 계곡의 낙농장에서 완성된다. 겉껍질은 촘촘하고 창백한 담황색이며 치즈 몸체는 자를 때 흰색에서 담황색의 노란색이 나타난다. 맛은 섬세하고 부드러우며 염소젖과 혼합하면 더욱 강한 향기가 난다.

아시아고(Asiago)

- **원산지** : 이탈리아(Veneto, Trento, Padova)
- **원료유** : 젖소유
- **모 양** : 원통 모양, 8~12kg

✲ **지방함유율** : 최소 34%
✲ **숙성기간** : 2년 정도
✲ **용 도** : 테이블 치즈, 그라탕용

아시아고 치즈는 이탈리아 북부의 알프스에 위치한 아시아고와 트렌티노 지역에서 소젖으로 만드는 치즈이다. 다른 치즈들도 그렇지만 아시아고 치즈도 숙성에 따라 맛이 완전히 달라지고 이름도 바뀐다. 숙성 정도에 따라 3~8개월 정도는 Asiago Mezzano라고 하며 엷은 짚색 또는 노란빛이 도는 아이보리색으로 부드러운 단맛이 나는 치즈로 부드러운 맛이다. 9~18개월 숙성된 것은 Asiago Vecchio라고 하며 단단한 질감에 쓴맛이 약간 도는 편이다. 18개월 이상 숙성한 Asiago Stravecchio는 단단하고 그라나파다노(Grana Padano)나 파르미지아노-레지아노(Parmigiano-Regiano) 치즈처럼 결대로 부스러지는 특성이 있다.

● 이탈리코(Italico)

✲ **원산지** : 이탈리아 북부
✲ **원료유** : 젖소유
✲ **모 양** : 원통 모양, 지름 20cm
✲ **지방함유율** : 약 50%
✲ **숙성기간** : 20~40일
✲ **용 도** : 테이블 치즈

이탈리아 북부지방에서 생산되며 저온살균한 우유를 35~40도에서 가열하여, 42℃를 넘기지 않은 상태에서 유산균 첨가 후 우유가 응고되면 콘(Corn) 크기로 자른다. 응고된 우유를 몰드에 붓고 형태가 잡히면 15분 후 뒤집고 20분 후 다시 뒤집어, 1시간 정도 휴지시킨 뒤 응고상태를 확인한다. 이 과정이 끝나면

Salting 작업을 하여 25~30일간 치즈가 숙성되는 동안 매일 돌려주면서 완성한다. 이 치즈는 가볍고 부드러우며 몸체는 흰색이고 버터 같은 질감으로 잘 녹는다. 맛 또한 아주 부드럽다.

● 페코리노 로마노(Pecorino Romano)

- ✲ **원산지** : 이탈리아(Sardegna, Lazio)
- ✲ **원료유** : 양유
- ✲ **모 양** : 무게 20~35kg의 원통형
- ✲ **지방함유율** : 36%
- ✲ **숙성기간** : 최소 8개월
- ✲ **용 도** : 테이블 치즈, 가루용

이탈리아에서 가장 오래된 치즈인 페코리노 로마노는 페코리노 치즈 중 하나이다. 페코리노는 양젖으로 만드는 치즈를 총칭하는 이탈리아어이다. 이탈리아의 중, 남부에서는 각 지역마다 다양한 페코리노 치즈를 만드는데, 사르데냐섬의 양젖을 사용한 치즈가 유명하다. 겉껍질은 아이보리색이나 옅은 담황색이고, 치즈 몸체는 자를 때 흰색이거나 어두운 노란색이며 약간 강한 맛과 호두향이 난다.

● 프로볼로네(Provolone)

- ✲ **원산지** : 이탈리아(Lombardia, Emilia-Romagna)
- ✲ **원료유** : 젖소유
- ✲ **모 양** : 원뿔형, 멜론, 진주
- ✲ **지방함유율** : 44%
- ✲ **숙성기간** : 1~2개월
- ✲ **용 도** : 테이블 치즈, 그릴

이탈리아에서 생산되는 우유 치즈로 우유를 응고시킨 커드에 가열한 훼이를 섞어 반연질이 될 때까지 반죽한 후에 이것을 여러 가지 모양으로 만든다. 종류로는 순하고 은은한 향의 돌체와 더 오래 숙성시켜 자극적인 맛이 나는 피칸테 등 2가지가 있다. 프로볼로네는 또한 담백하면서 독특한 향과 맛을 내기 위해 훈제 처리를 하기도 한다. 겉껍질은 금빛을 띠는 노란색 또는 어두운 노란색이며, 치즈 몸체는 촘촘하고, 맛과 향은 자극성 있는 쏘는 맛으로 향이 강하다. 결이 있는 조직을 가지고 있으며 훈제 처리한 프로볼로네는 스모크향이 난다.

● 폰티나(Fontina)

- **원산지** : 이탈리아(Valle d'Aosta)
- **원료유** : 젖소유
- **모 양** : 무게 8~18kg의 원통 모양
- **지방함유율** : 45%
- **숙성기간** : 약 3개월
- **용 도** : 테이블 치즈, 그릴, 퐁뒤

13세기경부터 이탈리아에서 만들어졌으며, 이탈리아 북부 발레다오스타 지역에서 기원한 것으로 우유로 만든 치즈이다. 폰티나는 살균이나 탈지과정 등을 거치지 않은 원유 그대로 제조하여 숙성시킨 후에도 다른 치즈들에 비해 살아 있는 유산균 수가 많다. 90일 이상 숙성과정을 거치며 외피는 단단하고 짙은 금갈색이며, 껍질 안쪽으로 작은 구멍이 나 있는 엷은 금빛의 속살을 가졌다. 부드러우면서도 독특한 맛과 치즈 특유의 엷은 향이 난다. 60℃ 정도의 온도에서 녹여 파스타, 리조토, 뇨끼, 폴렌타, 육류, 채소요리 등과 잘 어울리나 해산물과는 그 맛이 잘 어울리지 않는다.

● 스카모르차(Scamorza)

- 원산지 : 이탈리아(Campania, Abruzzo)
- 원료유 : 젖소유, 젖소유와 양유의 혼합유
- 모 양 : 무게 300~700g의 눈사람 모양, 원통형
- 지방함유율 : 38%
- 숙성기간 : 15일
- 용 도 : 테이블 치즈, 요리용

스카모르차는 남부 이탈리아어로 '목이 잘린'이란 뜻이며 끈이 달린 주머니에 치즈가 묶여 있었던 것에서 유래되었다. 주로 작은 공모양으로 판매되는 스카모르차는 모짜렐라와 비슷하지만 더 건조하고 단단하다. 훈제시킨 것은 스카모르차 아푸미카타(Scamorza Affumicata)라 하고 훈제시키지 않은 것은 스카모르차 비안카(Scamorza Bianca)라 한다. 맛과 향은 모짜렐라와 같이 말랑말랑하지만 조금 더 단단하며 부드럽고 약간 짠맛이 난다. 훈제한 스카모르차는 훈제 특유의 스모크향과 맛이 난다.

● 파르미지아노-레지아노(Parmigiano-Reggiano)

- 원산지 : 이탈리아(Emilia-Romagna)
- 원료유 : 젖소유
- 모 양 : 무게 30kg 이상의 원통형
- 지방함유율 : 최소 32%
- 숙성기간 : 1~4년
- 용 도 : 테이블 치즈, 가루용

보통 파마산 치즈라고 불리는 이탈리아의 가장 유명한 치즈이다. 이탈리아의

파르마라는 지방에서 만들어지는 치즈로 마을이름에서 치즈의 이름이 유래되었다.

지구상에서 가장 보편적으로 즐겨 먹는 치즈 중 하나로 고급스럽고 독특한 향을 지녔으며 파마산 가루치즈의 원재료이다. 4월에서 11월까지만 생산되며 습한 환경에서 2년 정도 숙성시킨다. 부분적으로 지방을 제거한 우유로 만들기 때문에 지방함량이 낮은 편이다. 외관은 옅은 담황색이고 치즈 속은 낟알모양의 구조를 가지고 있으며 큰 조각으로 잘라진다. 향이 좋고 섬세하며 약한 짠맛이 나므로 쪼개서 그대로 먹거나 파스타나 리조토 위에 뿌려 먹는다.

● 탈레조(Taleggio)

- **원산지** : 이탈리아(Lombardia, Veneto)
- **원료유** : 젖소유
- **모 양** : 사각형, 1.7~2.2kg
- **지방함유율** : 최소 48%
- **숙성기간** : 약 40일
- **용 도** : 테이블 치즈

롬바르디아주의 베르가모(Bergamo), 코모(Como), 밀라노(Milano) 지역과 베네토주의 트레비소(Treviso) 지역에서 생산되며 탈레조는 저온 살균된 우유로 만든다. 겉껍질은 부드러운 연분홍색이 나고 얇다. 치즈 몸체는 흰색에서 옅은 노란색을 띠며 맛이 특이하고 향이 약간 있다. 적절하게 발효되면 최고의 테이블 치즈로 여겨진다.

6) 파스타(Pasta)

파스타의 정의

이탈리아어에서 파스타란 밀가루를 사용하여 만든 모든 요리를 총칭하는 말이다. 원래의 의미는 인파스타래리, 즉 '풀 모양으로 으깬 것' 또는 '밀가루 반죽'이라는 이탈리아에서 온 것이다. 파스타는 이탈리아를 대표하는 음식으로 이탈리아에서는 애피타이저와 메인 사이에 먹는다.

파스타는 모양과 색깔, 길이가 다양한데 스파게티 같은 국수형태가 있는가 하면 나사모양, 나비모양, 파이프처럼 구멍이 뚫린 모양 등으로 다양하여 종류는 150여 가지이며 그 형태만도 600여 가지나 된다.

파스타는 시중에서 파는 건조 파스타와 바로 만들어 삶는 프레시 파스타의 두 종류로 나뉘며 모양은 롱파스타와 쇼트파스타로 나뉜다. 롱파스타에는 가장 많이 알려진 스파게티를 비롯하여 페투치네, 링귀니 등이 있으며 쇼트파스타에는 마카로니, 푸실리, 펜네 등이 있다.

파스타의 역사

파스타가 언제, 어디에서 시작되었는지에 대한 의견은 다양하나 한 가지 분명한 것은 파스타의 역사가 아주 오래되었다는 것이다. 이탈리아의 파스타가 중국에서(중국은 기원전 3000년경에 이미 국수를 만들어 먹었다고 한다) 유래되었다는 설이 있는데, 마르코 폴로의 『동방견문록』에는 원나라 황제인 쿠빌라이 칸의 궁에서 파스타를 먹었다는 기록이 있다. 그렇다면 마르코 폴로가 1295년경 이탈리아로 돌아와서 이를 전하였다는 것인데, 마르코 폴로가 동양에 머물러 있던 1279년, 이탈리아 제노바에서 폰치오 바스토네(Ponzio Bastone)라는 사람이 마카로니가 가득 들어 있는 나무상자를 유산으로 남겼다는 기록도 남아 있다. 또한 이탈리아 에투르스칸족의 무덤에서 파스타를 만들었던 기구와 파스타 조각이 발굴되었는데, 이것은 기원전 4세기의 것이었다. 따라서 에투르스칸족은 그 당시

이미 밀의 일종으로 파스타를 만들었던 것으로 추측되고 있다.

이탈리아인들은 이미 기원전 4세기에 파스타를 만들어 먹기 시작하여 역사와 함께 발전해 왔다고 할 수 있다. 기원전 1세기경 고대 로마시대에도 라자냐(Lasagna)에 대한 기록이 남아 있다. 당시의 라자냐는 오늘날의 겹겹이 만 형태가 아닌, 넓적하게 자른 밀가루 반죽을 익혀 채소나 치즈를 곁들여 먹는 요리였다. 고대 로마시대의 유명 미식가였던 마르쿠스 가비우스 아피키우스(Marcus Gavius Apicius)의『요리의 예술(L'artechlinaria)』에는 라자냐의 전신으로 추정되는 라가나(Lagana)를 기름에 튀겨 후추와 가룸(Garum, 생선소스)에 가볍게 볶아 먹었다는 내용이 있다.

건조 파스타의 등장

건조 파스타는 아라비아 상인들이 사막을 횡단하기 위해 부패하기 쉬운 밀가루 대신 밀가루 반죽을 얇게 밀어 아주 가는 원통의 막대모양으로 말아 건조시켜 실에 꿰어 가지고 다닌 것에서 유래되었다. 11세기경 아랍인들이 이탈리아 남부와 시칠리아섬을 점령하면서 건조 파스타가 시칠리아섬에 전해졌으며, 시칠리아는 파스타를 건조시키는 데 유리한 기후 덕분에 파스타를 생산하기 쉬웠다. 이탈리아 시칠리아섬의 팔레르모는 건조 파스타 생산에 대한 최초의 기록이 있는 역사적인 도시이다.

1150년에 아랍의 한 지리학자가 "팔레르모에서는 실모양의 파스타를 대량으로 생산하고 있으며, 이를 칼라브리아 지방과 회교국가 및 기독교 국가들에 수출하고 있다"라고 언급한 것으로 보아 이미 그 당시부터 이탈리아는 파스타를 수출하였음을 알 수 있다.

그 후 건조 파스타는 바다를 건너 나폴리에서도 생산되었고 이탈리아 북부 리구리아에서도 생산되기 시작했다. 14, 15세기에는 남부 이탈리아에서 활발하게 생산되었으며, 리구리아에도 파스타 기술자들이 많아져서 1574년에는 제노바에 파스타 제조업자들의 조합이 설립되어 품질을 관리하게 되었다.

파스타의 발전

17세기에는 압축기(Press)가 개발되어 오늘날과 같이 파스타를 압축하게 됨으로써 파스타 생산이 쉬워졌다. 하지만 압축기는 여전히 사람들의 힘으로 직접 움직였으며 반죽 또한 사람들이 긴 의자에 앉아서 발을 이용하여 반죽을 주물러 섞었다. 당시 나폴리의 왕이었던 페르디난도 2세는 이러한 방법을 개선하기 위해 유명한 기술자였던 체사레 스파다치니(Cesare Spadaccini)를 고용하여 제조과정을 향상시키도록 하였다. 이렇게 하여 밀가루에 뜨거운 물을 붓고 반죽하는 기계가 만들어지고 압축기를 증기기관이나 전동기로 작동시키게 되었다. 하지만 당시의 파스타는 서민적인 음식으로 귀족이나 왕의 식탁에 오르지는 못했다. 파스타가 귀족들에게 외면받았던 이유는 파스타를 손으로 먹었기 때문이다. 하지만 페르디난도 2세의 시종인 젠나로 스파다치니(Gennaro Spadaccini)가 포크를 발명함으로써 파스타 음식은 한층 격상되었다.

19세기 들어 파스타 압축기에 구멍 뚫린 동판을 붙임으로써 다양한 모양의 파스타를 생산할 수 있게 되었다. 20세기에는 기계공업에 의한 파스타 제조가 계속 진보하여 파스타의 자연건조는 인공건조로 바뀌었고 1933년에는 브라이반테 형제가 연속식 제조설비를 개발하여 혼합, 반죽, 압축, 성행, 건조까지 일체의 생산이 연속적으로 이루어지게 되었다.

파스타의 세계화

파스타는 17세기 후반에 이탈리아에서 유럽 각지로 퍼지게 되었다. 그 후 미국으로 건너가 세계적인 음식으로 자리 잡는 데 성공했다. 토머스 제퍼슨 미국 대통령이 유럽을 방문하였을 때 대접받은 파스타에 반해 파스타를 수입하기 시작했으며 19세기 말에는 이탈리아인들의 미국 이민이 급증하면서 파스타를 대량으로 수입하게 되었다.

이탈리아의 파스타가 전 세계적으로 인기를 얻고 있음은 이탈리아 파스타의 수출량이 꾸준히 증가하는 것을 보면 알 수 있다. 요즈음 건강에 대한 관심이 높아지면서 파스타는 더욱 인기를 끌고 있다.

미국 정부는 70년대 후반에 발표한 문명화 질병(비만이나 이에 따른 각종 질병)에 대처하기 위해 이탈리아 식생활을 연구대상으로 삼았다. 이는 이탈리아가 곡물과 올리브유를 많이 소비하기 때문이다. 이로 인해 미국인들은 파스타를 지중해식 다이어트 음식으로 부른다.

여러 가지 파스타

● 페델리니(Fedelini)

✻ **굵기** : 1.3mm로 스파게티보다 약간 가늘다.

✻ **삶는 방법** : 5L의 끓는 물에 500g의 파스타와 25g 정도의 소금을 넣어 잘 저으면서 5~6분 정도 삶는다.

✻ **어울리는 소스** : 스파게티와 같이 어느 소스나 잘 어울린다.

● 스파게티(Spaghetti)

✻ **굵기** : 1.8mm로 일반적으로 가장 많이 먹는 스파게티이다.

✻ **삶는 방법** : 5L의 끓는 물에 500g의 파스타와 25g 정도의 소금을 넣어 7~8분 정도 삶는다.

✻ **어울리는 소스** : 토마토 소스나 크림 소스 어느 것이나 잘 어울린다.

● 링귀니(Linguine)

- ✲ **굵기** : 1.8mm로 동글납작하다는 느낌이 많이 난다.
- ✲ **삶는 방법** : 마찬가지로 5L의 끓는 물에 500g의 파스타와 25g 정도의 소금을 넣어 5~6분 정도 삶는다.
- ✲ **어울리는 소스** : 스파게티와 마찬가지로 어느 소스에나 다 잘 어울린다.

● 페투치네(Fettuccine)

- ✲ **굵기** : 우리나라의 칼국수 면발과 비슷하게 넓적하다.
- ✲ **삶는 방법** : 삶는 방법은 같으며 약 9분간 삶아낸다.
- ✲ **어울리는 소스** : 시금치가 들어간 페투칠레가 유명하며 여러 가지 재료가 많이 들어간 걸쭉한 소스에 잘 어울린다.

● 탈리아텔레(Tagliatelle)

탈리아텔레는 아주 얇은 누들(Noodle) 형태로 삶아내어 수프 등에 넣어 먹는 경우가 많다. 그린피스와 닭간을 넣은 브로스 수프에 주로 사용한다.

● 라자냐(Lasagne)

라자냐는 폭이 넓은 판상으로 생긴 파스타로 끓는 물에 소금을 넣어 약 8분 정도 삶아서 캐서롤에 소스와 치즈를 겹겹이 얹어 오븐에 구워내는 요리이다. 소스는 토마토 소스가 잘 어울린다.

● 라비올리(Ravioli)

이탈리아 만두로 파스타 반죽을 두 층으로 만들어 그 틈에 고기나 채소 따위의 소를 넣어 만든 요리다. 반죽으로 소를 둘러싼다고 볼 수도 있다. Ravioli 또한 이탈리아어로 둘러싸다의 의미가 있다. 이와 유사한 파스타로 토르텔로니 [(Tortelloni) 또는 토르텔리니(Tortellini)라고도 함]가 있는데 이는 4cm 내외의 도우 양면 사이에 내용물을 넣는 방식으로 반지모양의 둥근 형태이며 만두와 흡사하다.

● 뇨끼(Gnocchi)

뇨끼는 감자와 밀가루 또는 노란 호박으로 만든 작은 수제비 모양이다.

파스타는 구멍이 뚫린 관모양의 파스타, 조개모양의 파스타 또는 수레바퀴 모양 등으로 다양하며 요리용, 수프, 샐러드 등에 모두 사용할 수 있다. 예를 들면 Farfalle, Rigatoni, Canneloni, Orechiette, Conchiglie, Rotelle 등이 있다.

Chapter 02

이탈리아 조리실무

01 기본 소스(Basic Sauce)

소스의 개요

이탈리아 소스(Salsa, Sauce)는 장시간 시머링하고 곱게 거르며 조리는 프랑스 소스에 비해 단순하며 다양하지 않다.

크림과 버터를 사용하는 소스가 있기는 하지만 이탈리아 소스는 대부분 요리하는 과정에서 만들어진다. 이탈리아 소스는 올리브유로 시작하고 너트, 허브, 치즈, 빵가루 등을 첨가하여 만들며 와인을 첨가하기도 한다.

토마토 소스는 조리사와 지역에 따라 조리법이 다양하며 즉석에서 만든 토마토 소스는 토마토 특유의 향과 맛이 가득하다.

또한 선-드라이-토마토로 만든 토마토 소스는 태양빛에 말린 토마토와 과일향이 가득한 올리브유, 각종 허브, 케이퍼와 올리브 등을 섞어 가열하지 않고 만든다.

이탈리아 요리는 많은 양의 소스를 요리에 첨가하지 않는다. 만약 안티파스토를 소스와 함께 제공했다면 다음 코스에 소스가 없는 요리를 제공하는 경우가 많다. 육류나 채소요리는 그 자체 향을 최대로 살려 소스 없이 제공되기도 한다.

16세기 이탈리아에서는 현재 프랑스 요리의 기본이 된 소스를 비롯하여 다양한 소스가 요리에 사용되었다.

프랑스 요리에 사용되는 베샤멜 소스(Béchamel Sauce)는 이탈리아의 베시아멜라 소스(Salsa Besciamella)에서, 벨루테(Veloute)는 살사 비안카(Salsa Bianca)에서 유래되었다는 설이 있다.

파스타, 육류, 생선류 등의 요리에 다양한 종류의 소스가 사용되는 것은 주지의 사실이며 튀김요리에는 소스를 거의 사용하지 않고 있다. 각종 허브를 이용한 Salsa Verde(Green Sauce)와 Fresh Tomato를 사용하여 만든 Salsa di Pomodoro(Tomato Sauce)는 대표적인 이탈리아 소스 중 하나이다.

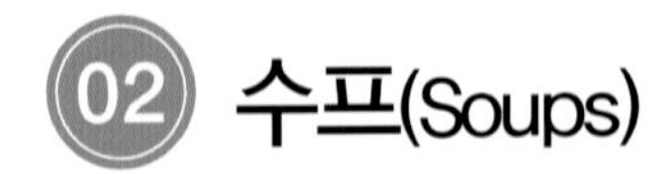

02 수프(Soups)

수프의 개요

이탈리아 수프(Zuppa, Soups)의 맛을 좌우하는 두 가지 요인은 계절적 요인과 지역적 요인으로 특정할 수 있다. 진정한 의미의 수프라기보다는 생선 코스에 보다 더 가깝다고 할 수 있는 생선이나 해산물 수프를 제외하고, 수프에 사용하는 채소와 허브 등 대부분의 식재료는 계절과 지역에 따라 생산 종류와 그 향취가 달라지기 때문이다.

또한 같은 재료를 사용한다 해도 지역에 따라 수프 만드는 방법은 다르게 나타난다.

채소수프를 보더라도 지역마다 차이 나는 것을 쉽게 알 수 있다. 남부지방에서는 토마토, 마늘, 올리브유, 파스타를 많이 넣고 토스카니 외곽지역에서는 빈스와 빵을 넣어 진하게 만들며, 북부지방의 리비에라(Riviera) 지역은 쌀과 양상추, 프레시 허브를 넣는다. 같은 수프라 할지라도 진하거나 묽게, 내용물을 잘게 다지거나 거칠게 자르는 정도의 차이를 느낄 수 있다. 콩류나 감자로 만드는 수프는 곱게 갈아 만드는 경우도 있는데 크림수프나 프로세서에 곱게 간 수프는 전통 이탈리아 요리에는 없었다는 것이다.

많은 종류의 이탈리아 수프는 그 자체가 하나의 식사이기도 하다.

이것들은 크게 구분하면 맑은 수프인 브로스(Broth)와 쌀(Rice)이나, 파스타로 농후해지는 신선한 혹은 건조한 채소를 포함하는 진한 채소수프인 콩소메(Consommes) 그리고 파스타를 넣은 브로스이다.

대부분의 이탈리아 수프가 간 치즈 또는 크로스티니(토스트했거나 튀긴 빵)와 함께 제공될 때 그것은 스낵으로써 또는 식사의 코스로써 풍미를 돋우는 요리가 된다.

Chapter 03

안티파스토 샐러드, 샐러드 드레싱

01 안티파스토

전채의 개요

원래 안티파스토는 식탁에서 본 식사가 제공되기 전에 먹는 것으로 맛이 있으며 특별한 요리였다. 그러나 근래에 와서는 전채의 개념으로 서양요리의 Appetizer와 같이 맨 처음 제공되는 요리로 식욕을 증진시키기 위한 특별한 감미와 향미(Flavor)로 분위기를 고취시켜 맛을 돋우거나 만족감을 극대화시키고자 하는 의도로 만들어지고 있다.

지역에 따라 이용하는 식재료나 만드는 방법 또한 천차만별이며 Piemonte와 Puglia에서는 안티파스토가 전형적인 식사의 역할을 한 것에 비하여 Liguria와 Emilia-Romagna에서는 적은 양이 제공되었다.

피에몬테와 풀리아, 리구리아 지역에서는 주로 채소를 이용하며 에밀리아-로마냐 지역에서는 다양한 종류의 소금에 절이거나 말린 육가공품을 함께 이용한다.

현대 이탈리아 식탁의 큰 변화는 안티파스토가 이탈리아 식사에서 중요한 역할을 차지하게 되었다는 것이다. 입맛을 돋우는 전채요리부터 주요리까지 변화를 거듭하고 있다. 안티파스토는 대부분의 이탈리아 점심 메뉴에서 볼 수 있으며 특히 파스타가 제공되지 않을 때에는 더욱 그렇다.

안티파스토는 대개 몇 가지의 살라미(Salami) 소시지를 포함하는 소량의 요리의 집합이라 볼 수 있다. 올리브 오일로 맛을 낸 생채소가 소시지와 함께 제공될 수 있으며 또한 훈제 햄이나 훈제 돼지고기를 사용하기도 한다.

새우, 오징어, 홍합, 참치 또는 안초비와 같은 해물들은 안티파스토의 곁들임으로써 인기 있는 것들인데 뜨겁게 또는 차게 하여 제공된다.

샐러드(Insalata)

샐러드의 개요

이탈리아 샐러드, 즉 Un'insalata의 문자상의 의미는 소금을 첨가한다는 뜻이다. 또한 이 단어는 예를 들어 여러 가지가 혼합된 실내장식이나 어떤 사고 같은 은유적 표현에 사용하기도 한다. 인살라타는 전통적인 이탈리아 식탁의 샐러드 코스를 의미하며 주요리 바로 다음에 제공되므로 샐러드가 제공되면 식사가 끝무렵으로 접어들고 있다는 것을 의미한다.

샐러드에 사용하는 식재료는 원칙적으로 채소류를 날로 또는 삶아서 또는 이들과 다른 식재료를 혼합하여 사용한다.

양배추와 브로콜리는 가을과 겨울에 많이 사용하며, 아스파라거스와 그린빈스는 봄철에, 감자는 여름철에 주로 사용한다. 또한 이탈리아인들은 토마토, 피망, 상추류, 오이 등의 청채류는 신선한 날것 그대로 사용하기를 좋아한다. 채소 이외의 다른 재료와 함께 만드는 샐러드로는 쌀과 닭, 쌀과 어패류, 참치와 그린빈스 등이 있으며, 그 외에 육류나 생선 그리고 과일류가 샐러드에 함께 제공되기도 한다.

이탤리언 샐러드는 청엽채(Green Salad)와 혼합채(Mixed Salad)로 나뉘며, 익힌 샐러드(Composed Salad)는 당근, 감자, 비트, 양파 등을 조리하여 차게 식힌 다음 섞어서 제공한다.

엽채류 샐러드를 만들 때는 깨끗하게 씻은 다음 물기를 완전히 제거해야 한다. 그렇지 않으면 드레싱을 곁들이더라도 제맛이 나지 않는다.

드레싱과 샐러드를 미리 혼합해 놓으면 샐러드의 숨이 죽어 맛이 떨어지므로 곁들이는 드레싱은 대개 테이블에 놓아두거나 테이블 서비스를 한다.

또한 샐러드의 향미를 돋우기 위해 민트, 마조람, 세이지, 바질, 잎이 넓은 이탤리언 파슬리 등의 허브를 조금씩 샐러드에 첨가하기도 한다.

양파와 같은 강한 맛이 나는 재료는 토마토에 첨가하면 잘 어울린다고 이탈리아 사람들은 생각한다.

샐러드 드레싱(Dressings)

샐러드 드레싱의 개요

이탈리아 드레싱의 가장 중요한 요소는 소금과 올리브유, 그리고 식초다.

소금으로 간을 잘 조절해야 하며, 올리브유는 최고 품질인 엑스트라 버진(Extra Virgin)이 가장 좋다. 식초로는 레몬주스, 발사미코 식초, 사과식초, 포도식초 등이 사용된다.

아무리 좋은 재료를 사용한다 해도 그 배합비가 적절하지 못하면 맛있는 드레싱이 되기 어렵다. 오일과 식초의 배합비가 2대 1인 서양의 드레싱에 비하여 한국인의 입맛에는 3대 1 정도가 적절하다.

더욱 중요한 것은 만들어진 드레싱을 샐러드에 첨가하는 양이다. 첨가량을 적절하게 조절하지 못하면 맛있는 샐러드를 먹을 수 없게 된다.

대개 양념이 전혀 되지 않은 엽채류 60g의 신선한 샐러드에 25~30ml 정도의 드레싱을 곁들이면 이상적이다.

식초 대용으로 레몬주스가 첨가되는 드레싱은 삶은 당근의 샐러드 또는 토마토나 오이에 적합하다.

마늘이 첨가되는 드레싱은 양배추나 토마토 샐러드와 잘 어울린다.

모데나(Modena)가 원산지인 발사미코(Balsamico) 식초는 6년 이상 발효시킨 포도식초로 단맛이 나기 때문에 다른 식초보다 드레싱에 덜 사용하는 편이다.

파스타, 리조토, 피자

01 파스타(Pasta)

파스타 알아두기

즉석에서 만든 파스타든 건조 파스타든 삶아야 요리를 할 수 있다. 파스타를 삶을 냄비(Pot)는 가벼운 알루미늄 재질로 된 것이 편리하다. 삶은 후에 물을 걸러낼 콜랜더(Colander)는 가깝고 안전한 싱크대에 미리 준비하였다가 삶은 파스타를 건져 식혀서 완전히 물기를 빼내고 오일을 약간 발라두어야 서로 달라붙지 않으며, 쉽게 건조되지 않는다.

파스타 삶을 물의 양은 파스타가 불어도 물에 잠길 수 있을 정도로 충분히 부어야 하며 물이 너무 적으면 끈적거려서 잘 삶아지지 않는다. 물이 끓으면 파스타 1kg당 약 40g의 소금을 넣어 삶는다. 긴 파스타를 삶을 때는 부러뜨리지 않도록 한다. 바닥에 붙지 않고 골고루 익히기 위하여 삶는 동안 가끔씩 저어주어야 한다.

스터핑 파스타를 삶을 때는 오일을 조금 넣는데 파스타끼리 마찰을 적게 해야 터짐을 방지할 수 있다. 제공되는 코스와 식성에 따라 약간의 차이는 있으나 1인분의 양으로 80~120g 정도가 적당하다.

알덴테(Al Dente)는 파스타를 먹을 때, 꼬들꼬들하고 쫄깃쫄깃하게 씹히도록 삶는 것으로, 이렇게 삶는 방법은 파스타를 즐기는 이탈리아인들이 좋아하는데 먹을 때 씹는 재미와 식후 포만감을 더 많이 느낄 수 있다고 한다.

스파게티는 10~11분, 푸실리는 12분 정도가 적당하며, 시중에서 유통되는 건조 파스타의 경우 포장지에 표시된 시간보다 짧게 삶아야 한다.

파스타 조리법은 바로 삶은 파스타를 오일이나 버터에 살짝 볶아, 따뜻한 소스에 잘 섞어 바로 제공하는 것이다. 치즈를 원하면 이때 치즈를 첨가한다. 오일이나 버터는 먹을 때 소스와 파스타가 서로 달라붙어 떨어지지 않고 한입에 먹을 수 있도록 한다.

파스타는 먹을 때나 고객에게 제공할 때 소스가 잘 섞이도록 상하로 잘 섞어 주어야 한다. 건조 파스타는 즉석 파스타보다 흡수력이 크므로 버터나 오일을 더 많이 넣어야 한다.

만들어진 파스타 요리는 바로 제공되어야 제맛을 느낄 수 있다.

일반적으로 가장 많이 소비되는 건조 파스타는 스파게티(Spaghetti)와 펜네(Penne) 그리고 푸실리(Fusilli)이다.

파스타 만들기

1. Egg Noodle(Fettuccine)

✲ 재료

• 강력분 200g • 달걀 2개 • 소금 5g • 올리브 오일 10ml

✲ 만들기

❶ 밀가루는 체에 쳐서 넓은 볼에 넣어 가운데를 오목하게 하여 놓는다.
❷ 소금과 올리브 오일, 달걀을 넣고 잘 혼합시킨 후 충분히 반죽하여 글루텐 조직이 잘 형성되도록 한다.
❸ 약 30분간 실온에서 숙성시킨 뒤 밀대로 넓게 펴지도록 민 다음 칼국수 썰듯 접어 썬다.

2. Green Noodle(Fettuccine con Spinaci)

✲ 재료

• 강력분 200g • 달걀 1개 • 소금 5g • 올리브 오일 10ml • 시금치 50g

✲ 만들기

❶ 시금치는 잎만 떼어내어 끓는 물에 살짝 데쳐 찬물에 식힌 다음 소량의 물과 함께 믹서기에 곱게 간다.
❷ 치스 클로스에 넣어 시금치 페이스트를 걸러낸다.
❸ 체로 친 밀가루를 볼에 넣고 가운데를 오목하게 한 뒤 달걀, 소금, 올리브 오일과 시금치 페이스트를 넣고 잘 반죽한다.
❹ 에그 누들과 같은 방법으로 숙성시킨 뒤 자른다.

3. Tomato Noodle(Fettuccine con Pomodori)

✻ 재료

• 강력분 200g • 달걀 1개 • 소금 5g • 올리브 오일 10ml • 토마토 페이스트 20g

✻ 만들기

에그 누들과 마찬가지로 밀가루를 체에 쳐서 볼에 담고 가운데를 오목하게 한 뒤 달걀, 소금, 올리브 오일, 토마토 페이스트를 넣어 글루텐 조직이 잘 형성되도록 반죽하여 약 30분간 숙성시킨 뒤 넓게 밀어 자른다.

❈ 모든 프레시 파스타는 자르기 위해 접을 때 가루를 충분히 뿌려가며 접어야 달라붙지 않는다.

4. Ravioli Noodle

✻ 재료

• 박력분 200g • 달걀 1개 • 올리브 오일 10ml • 찬물 2T • 소금 5g

✻ 만들기

라비올리 누들은 에그 누들보다 약간 부드러운 것이 좋다. 만두와 같은 형태로, 만들 때 얇게 밀어도 서로 겹쳐지는 부분이 잘 익지 않고 단단하게 느껴지기 때문이다. 그러므로 반죽에 약간의 물을 첨가한다.

02 리조토(Risotto)

리조토는 쌀을 이용한 요리로 이탈리아에서 쌀을 많이 생산하는 Po강을 중심으로 하는 북부지방에서 많이 발전되어 왔다. 리조토 요리에 가장 적합한 쌀에는 여러 품종이 있으나 적은 양의 물로 요리할 수 있는 카르나롤리(Carnaroli), 아르보리오(Arborio)가 대표적인 품종이다. 기본적인 조리법은 냄비에 버터를 두른 다음 쌀을 넣고 살짝 소테한 후 뜨거운 육수(Meat Broth)를 부어 계속 저어가면서 익히는 것이다. 쌀 외에 첨가되는 부재료에 따라 여러 형태의 리조토가 만들어진다.

리조토가 물이 흐를 정도로 질어야 한다는 것을 의미하는 알론다(All'onda)는 베네치아인들이 즐겨 쓰는 말이다. 또한 실제로 이탈리아에서는 해산물이 들어간 리조토에 파르메산 치즈를 첨가하지 않으나, 전문요리사들이 맛과 향을 증진시키기 위하여 적은 양의 치즈를 넣기도 한다.

리조토는 남부에 거주하는 사람들이 파스타를 사랑하는 것처럼 북부 이탈리아인들에게 인기가 있다.

03 피자(Pizza)

피자의 유래

피자는 크게 그리스에서 유래됐다는 설과 'a Point'라는 단어에서 유래됐다는 두 가지 설이 있다. 이를 좀 더 자세히 살펴보면 다음과 같다.

그리스 유래설

피자는 납작하게 눌린 또는 동그랗고 납작한 빵을 의미하는 '피타(Pitta)'에 어원을 두고 있으며, 실제로 이탈리아의 남부 도시들이 희랍인에 의해 건설됐고, 나폴리도 새로운 도시를 뜻하는 '네아폴리스'라는 그리스에 기원을 두고 있다는 것으로 봐서 피자는 그리스에서 유래됐을 것이다.

a Point 유래설

'Pizza'는 고대 이탈리아어의 'a Point'라는 단어에서 유래되었는데 그 후 'Pizziare', 즉 '끼워서 조이다, 집어 으깨다'라는 의미로 바뀌게 되었다. 이 단어가 처음으로 나타난 것은 BC 1000년경의 나폴리 지방 사투리로 오늘날 피자가 이탈리아인들이라고 여기게 된 이유가 되었다. 하지만 피자는 실제로 에트루리아인(이탈리아 중서부의 고대국가)과 그리스 문화에서 유래되었다. 소수의 에트루리아인들은 빵을 구웠는데, 구워낸 빵 표면에 여러 가지를 올려 장식해서 접시에 담아냈다. 그 후 그리스인들이 남부 이탈리아를 식민지화했을 때, 에트루리아인들이 빵 위에 여러 가지 토핑을 올려서 구웠는데 이러한 형태가 피자를 만드는 주된 과정이 되었다. 그러나 실제로 피자를 알려지게 한 것은 대제국을 건설했던 로마인들이었다. 그들이 이탈리아는 물론 그들의 지배하에 있던 모든 지역에 피자를 퍼뜨렸다. 이탈리아에서 미국으로 이주해 온 사람들은 빵 가게들이 불황을 겪는 동안 오븐을 빌려서 토핑된 빵을 팔았는데 팔고 남은 빵은 배고픈 아이들에게 토마토와 함께 주었다. 궁극적으로 이탈리아에서 이민 온 사람들이 밀가루 반죽에 토마토 퓨레, 오레가노(향신료), 갈아놓은 치즈가루를 토핑한 빵을 시작으로 피자를 상품화할 수 있었고 1905년 롬베르디에 의해 뉴욕에서 피자집이 처음 오픈되었다.

피자(Pizza) 알아두기

피자 도우(Dough)는 손으로 반죽을 만들 수 있으며 때로는 믹서로 반죽하기도 한다. 나폴리 피자는 세계적으로 유명하며 특별히 도우를 만들 때 밀가루에 보릿가루를 조금 넣기도 한다. 밀가루는 글루텐이 많아 끈기가 있는 강력분이나 중력분을 사용한다. 표백하지 않은 밀가루로 미세하게 분말화된 것이 좋다. 바삭바삭한 크러스트(Crust)를 만들기 위해서는 도우도 중요하지만 베이킹할 오븐의 상태도 중요하다.

피자의 크기에 따라 구워내는 시간에도 차이가 있다. 구워내는 시간에 따라 바삭거리는 정도에도 차이가 있기 때문인데 이것은 지역에 따라 다르다.

우리나라에 나와 있는 도우가 두꺼운 피자는 나폴리식이며 이탈리아인들이 즐겨 먹는 얇은 피자는 로마식이다.

일반적으로 남부는 얇고 밀라노 지역을 중심으로 한 북부의 피자는 두껍다.

피자 도우(Dough) 만들기

✼ 재 료

- 중력분 **250g** • Fresh Milk **125ml** • Fresh Yeast **5g** • Olive Oil **20ml**
- 소금 **4g** • 설탕 **15g**

✼ 반죽하기

1. Fresh Milk를 약 30℃가 되게 더운물에 중탕하여 놓고 설탕, 소금, 올리브 오일을 넣어 잘 혼합한 다음 Fresh Yeast를 넣어 이스트가 숙성되도록 놓아둔다.
2. 밀가루는 곱게 체에 쳐서 볼에 담고 가운데를 오목하게 하여 놓는다.
3. 거품이 일기 시작한 혼합 우유를 넣어 잘 반죽한 다음 마르지 않게 랩 등에 싸서 30℃ 정도 되는 도우 컨디셔너에 넣고 2시간쯤 숙성시킨 다음 밀어서 사용한다.

생선류, 가금류, 육류

01 생선류(Fish)

생선요리의 개요

우리나라와 마찬가지로 삼면이 바다인 이탈리아반도는 어선이 바다를 향해 출항할 수 있는 거대한 부두가 지중해로 뻗어 있다. 해안선은 대략 1,860마일(3,000km)이며 시칠리(Sicily)와 사르데냐(Sardegna) 같은 섬들을 합하면, 전체 해안선의 길이는 거의 3,000마일에 이른다.

내륙에는 마지오레(Maggiore), 코모(Como), 가르다(Garda), 트라시메노(Trasimeno), 브라차노(Bracciano) 같은 호수와 알프스(Alps)산맥 및 아펜니노(Apennino)산맥으로부터 흐르는 큰 포(Po)강과 작은 여러 강이 흐르고 있다.

고대로부터 이탈리아 사람들은 풍부한 양질의 물이 제공되는 혜택을 받아왔다.

그들은 바다와 강에서 생산되는 다양한 생산물을 요리하여 먹어왔다. 그들에게 있어 해안에서 생산되는 모든 해산물은 요리해 먹을 수 있는 식자재였다.

식탁에 가장 많이 오르는 해산물은 칼라브리아(Calabria)와 시칠리(Sicily) 바다에서 잡히는 황새치(Pesce Spada)와 참치(Tonno)이다. 이러한 생선의 맛은 단순히 그릴링하면 좋으나, 남부지방의 올리브, 아몬드, 케이퍼, 토마토 등의 맛과 잘 어울린다.

이탈리아에서 유명한 또 다른 생선류는 황금색 머리 도미(Orata), 아귀(Pescatrice), 아드리아해의 넙치(Sogliola)와 농어(Branzino)이다.

이탈리아 해산물 요리의 특징은 바다의 향취를 물씬 느낄 수 있는 것으로 생선을 통째로 요리하기를 좋아하며 그날 잡은 생선으로 만든 생선수프(Zuppa Pesce)와 소금에 절인 대구요리(Baccala)는 매우 인기 있다.

가장 대중적인 요리는 Baccala와 여러 가지 생선수프이다. Baccala는 사용하기 전에 과도한 소금기를 제거하기 위하여 여러 번 찬물에 헹궈야 한다. 또한 Eel은 이탈리아 전역에서 대중적이며, 많은 조리법이 있다. 이들은 간단한 Tomato Sauce와 Wine으로 조리하기도 하며, Deep Fried하여 먹기도 한다.

비옥한 토질의 북쪽 지방보다 해산물이 풍부한 남쪽 지방 사람들은 해산물에 많이 의존하고 있다.

02 가금류(Poultry)

가금류의 개요

개방적이고 모험적인 식습관을 가지고 있는 이탈리아인들은 야생 멧돼지, 말고기, 토끼, 산토끼, 염소, 개구리, 달팽이, 사슴, 영양 등을 식용으로 사용하고 있다. 가금류도 마찬가지로 로스트육 상점(Rosticceria, Roasting Store)에 가면 닭(Chicken), 케이폰(Capon), 루스터(Rooster), 오리, 칠면조, 거위, 갓 부화된 새끼 조류, 뇌조, 자고, 참새 등을 쉽게 구할 수 있다.

작은 조류는 특히 Lombardia와 Veneto에서 인기가 있고 서너 마리씩 꼬치에 끼워 로스트한다.

이탈리아 육류요리 중 으뜸은 Bollito Misto로써 Lombardia, Emilia-Romagna와 Veneto의 특산물이다.

Bollito Misto는 여러 가지 육류와 가금육을 함께 넣고 삶아 익힌 요리이다. 육류는 주문하면 슬라이스해 주며, 겨자씨를 넣고 절인 각종 과일 혼합물(Mostrada)을 곁들여주기도 하고 다른 소스를 끼얹어 제공하기도 한다.

이런 유의 복잡한 요리는 미리 준비할 시간이 필요하며 식당에서 많이 주문하는 것으로 이탈리아인들이 애호하는 음식이다.

Roma 근처 중앙지방에서 특별한 Abbacchio라고 하는 Lamb요리는 이 지방에서 인기 있는 요리이다. 또 Young Lamb Joints라 하여 마디마디 잘라놓은 뼈 붙은 양고기는 냄비요리와 Stew요리에 사용되곤 한다. Pork는 인기 있는 상품 중 하나이며, 신선한 고기 먹기를 좋아하는 이탈리아인들은 Salami, Ham, Sausage 등을 만들어 먹기도 한다.

03 육류(Meat)

육류의 개요

전통으로 이탈리아에서는 Cane이라고 하는 육류(Meat)를 주된 요리로 생각하지 않았으며 주로 생선, 파스타, 치즈 등을 널리 소비하였다. 육즙이 풍부한 쇠고기는 Toscana 지역에서 유명한 Bistecca alla Fiorentina 요리나 Piemonte주 Barolo 지역에서처럼 천천히 굽는 요리, 또는 레드 와인을 첨가하여 그릴하거나 국물에 익히는 요리도 많이 있다.

이탈리아인들은 육류를 그대로 숯불에 구워 먹기를 선호한다. 쇠고기는 고급 식품으로 최급되고 있으며 이탈리아인들이 즐겨 먹는다.

생후 6~9개월 된 송아지(Calves)를 비텔로(Vitello)라고 하며, 비텔로를 이용한 이 요리는 유명하여 인접한 다른 나라는 물론이고 특히 이탈리아에서 대중적인 인기를 끌고 있다. Vitello da Latte요리는 매우 비싼 편이다. 또한 Lombardia에서 생산되는 우유를 먹인 송아지고기는 매우 인기 있다. 뼈를 완전히 제거한 뼈 없는 송아지고기 커틀릿(Veal Cutlet)은 이탈리아 전역에서 볼 수 있으나 밀라노의 커틀릿이 가장 좋으며 달걀을 묻히고 빵가루를 입혀 버터로 프라이하는 Costoletta alla Milanese로 유명하다.

쇠고기는 이탈리아 요리사들이 많이 이용하는 식재료이기도 하지만 이탈리아의 주요 단백질원은 전통적으로 돼지고기와 양고기였다. 저장 육류, 햄, 소시지가 과거에는 메인 코스로 자주 등장하였으나 요즘에는 안티파스토나 샌드위치의 재료 또는 스낵으로 이용되고 있다.

Emilia-Romagna 지역만큼 돼지고기를 많이 애용하는 곳도 없다. 특히 이곳은 돼지뒷다리를 절인 다음 훈연하여 말리면서 숙성시켜 만든 햄 Prosciutto di Parma가 유명하다. Parma 인근의 Zibello에서 생산되는 Culatello는 값이 약간 비싸지만 가장 부드러운 Prosciutto이다. Parma 인근 Felino마을에서 생산되는 살라미(Salami)는 이탈리아에서 최고의 품질로 알려져 있다. Parma 사람들은 돼지를 그들의 자식처럼 소중히 여기며, 그들이 가장 좋아하는 동물이기도 하다.

Emilia-Romagna의 Modena에서는 설날 새해의 행운을 비는 자리에 뼈를 빼내고 속을 채워 요리한 돼지족과 함께 렌틸을 먹는다. Bologna는 쇠고기와 돼지고기를 혼합하여 만든 소시지 Mortadella로 유명하다. Mortadella는 슬라이스하여 콜드컷(Cold Cut)으로 제공되며, 롤 미트 로프(Roll Meat Loaf)인 Polpettone의 속을 채워주는 재료로도 이용되고 있다.

Ferrara는 따뜻하게 데워 먹는 Salame da Sugo 소시지를 만든다.

다른 지역에서도 다양한 방법으로 돼지고기를 이용하고 있다. Friuli에서 브레이즈한 돼지 정강이 살은 송아지 정강이 살과 함께 인기 있는 요리이다. 이탈리아에서 소시지를 만들 때, 대개 치즈나 허브를 넣지만 Norcia의 정육사는 블랙트러플(Black Truffle)을 즐겨 사용한다.

나폴리인들은 강한 맛의 토마토 소스로 조리된 폭찹(Pork Chop)을 좋아한다. 겨울철 이탈리아 북부지방의 일요일 점심메뉴로 인기 있는 것은 뼈를 제거한 돼지고기가 연해지고 우유가 분홍색이 될 때까지 천천히 삶아 로스트한 것인데, 요즈음은 송아지고기로 대체되기도 한다.

Umbria와 Lazio의 Porchetta는 마늘, 로즈마리와 세이지로 맛을 낸 새끼 돼지 요리다.

Sardegna에서 비슷한 돼지고기 요리는 Porceddu라 불리며 향신료 없이 만드는 것으로 즙이 더 많고 껍질이 바삭바삭한 것이 특징이다.

Lombardia의 지역민들은 채소를 넣어 맵게 조리하고 오일과 식초로 양념한 Nervetti(삶은 돼지족)를 좋아한다.

양고기는 남부 이탈리아의 주요 육류식품이며 로스트, 브레이즈, 그릴하거나 스튜에 넣으며 소시지나 파스타 소스에 이용한다. Molise에서 양고기의 내장(Organ Meat)은 살코기만큼 인기가 있으며 로마인들은 양은 물론이고 소나 돼지의 내장도 즐겨 먹는다.

디저트

01 디저트의 개요

이탈리아 요리에서 후식으로 제공되는 디저트에는 각종 페이스트리(Pastry), 커스터드(Crema, Cream and Custard), 크레이프(Crespelle, Crépes), 후르츠(Fruit), 수플레(Souffle), 머랭(Meringue) 등이 있다.

최근까지 이탈리아 식사에서는 이와 같은 디저트로 끝내기보다는 과일을 많이 선택하였다. 과일은 과일 특유의 향이 풍부하고 맛이 절정에 이른 잘 익은 것을 골라 식사 후에 먹는다.

여름철에는 얼음물에 과일을 넣어 시원하게 냉각시킨 후 제공하면 맛과 향을 더욱 만끽할 수 있다.

겨울철에 생산되는 시칠리아의 붉은 오렌지(Blood Orange)는 전국적으로 소비된다. 근래에 다른 나라 식문화의 영향을 받아 식사와 별도로 먹거나 점심에 차나 커피와 같이 먹었던 크로스타타(Crostata), 땅콩 케이크, 베이킹한 과일 타르트(Tart), 아이스크림과 커스터드 등과 같은 디저트류를 식사에 포함시키게 되었다.

물론 아이스크림과 그라니타(Granita, 과일이나 커피맛의 얼음)는 이탈리아에서 매일 먹는 디저트이지만 반드시 제공되는 것은 아니다.

다른 이탈리아 조리사와 마찬가지로 이탈리아에서 디저트를 만드는 분들은 좋은 재료를 사용하며, 아이디어와 끊임없는 노력을 통하여 새로운 디저트를 개발하기 위해 국내는 물론, 해외의 기술을 접목시켜 새로운 디저트를 지속적으로 만들고 있다.

실기편

Seared Scallop

Herb's Salad, Pimento Sauce

재료

수량	단위	품목
5	ea	Scallop
1	ea	Pimento(Red)
1/4	ea	Onion
1	pc.	Garlic
50	ml	Fresh Cream
15	ml	White Wine
10	g	Fresh Butter

Truffle Air

수량	단위	품목
20	ml	Fresh Milk
10	ml	Fresh Cream
10	ml	Mineral Water
15	ml	Macerated Black Truffle Oil
1	g	Soy Lecithin Powder
some		Salt

Red Pimento Puree

수량	단위	품목
1	ea	Pimento(Red)
20	g	Onions
3	g	Garlic
15	ml	White Wine
20	ml	Fresh Cream
3	g	Fresh Butter
some		Salt

조리방법

1. Scallop을 손질(가장자리 피막 제거)하여 Marinade 한다.
2. 채소류를 손질하여 찬물에 담가 준비한다.
3. Pimento(Red)는 오븐에 구워 피막 제거 후 Puree하여 Pimento(Red) Butter Sauce를 만든다.
4. Truffle Air를 만들어 Aging시킨다.
5. Scallop을 Brown Butter 두른 팬에 굽는다.
6. Plate에 Presentation한다.

Halibut Saltimbocca

Halibut, Raw Ham, Sage, Herbs Salad and Yuza Sauce

재료

수량	단위	품목
80	g	Halibut
10	g	Raw Ham
20	g	Herbs
20	g	Guacamole
10	g	Yuza Beurre Blanc
10	g	Balsamic Cream

조리방법

1. Halibut Fillet를 Aging한다.
2. Aging한 Halibut Fillet를 Marinade한다.
3. Guacamole, Yuza Beurre Blanc Sauce를 준비한다.
4. 1에 Raw Ham을 말아 Pan Fry한다.
5. Plate에 Presentation한다.

살팀보카(이탈리아어: Saltimbocca 혹은 Saltinbocca)는 이탈리아어로 '입으로 뛰어든다'는 뜻이며 이탈리아 전역, 스위스 남부, 스페인, 그리스 등지에서 대중적인 음식이다. 대개는 닭고기나 돼지고기를 프로슈토와 함께 요리한다. 세이지를 넣으며 포도주나 올리브 오일, 소금물을 넣어 요리하기도 하며 이는 지역에 따라 다르다.

가장 유명한 살팀보카는 로마식 살팀보카(Saltimbocca alla Romana)로 밀라노 동쪽의 브레시아에서 유래한 것으로 추측되기는 하지만 로마식으로 불리고 있다. 버터와 포도주로 요리한 것으로 햄이나 프로슈토 고기를 말아서 내놓는다. 콜린 매컬로의 연예소설 『가시나무새』에서는 여성 주인공 매기의 딸 저스틴이 바티칸 시국에서 동생 데인의 독일 친구 라이너와 처음 만났을 때 먹었던 음식으로, 저녁식사를 같이하며 친해진 저스틴과 라이너는 애인으로 발전한다.

Seafood Antipasto

Poached with Scallop, Shrimp, Tuna, Smoked Salmon, Herbs Salad and Lemon Dressing

재료

수량	단위	품목
50	g	Octopus
50	g	Shrimps
25	g	Smoked Tuna
50	g	Smoked Salmon
5	g	Anchovies
25	g	Lean of Clam
25	g	Lean of Mussel
100	ml	Lemon Dressing
50	g	Herb Salad
10	g	Sun Dried Tomato
100	ml	Balsamico Dressing

Court-Bouillon

수량	단위	품목
1	L	Mineral Water
250	ml	White Wine
80	ml	White Wine Vinegar
60	ml	Lemon Juice
100	g	Carrot
80	g	Onion
50	g	Celery
50	g	Leek White
1	tsp	Salt
3	leaves	Bay Leaf
0.2	g	Pepper Corn

조리방법

1. Scallop, Shrimp, Tuna, Smoked Salmon, Lean of Clam, Lean of Mussel을 손질한다.
2. Court-Bouillon을 준비한다.
3. Herb Salad를 얼음물에 담가둔다.
4. Balsamico Dressing을 준비한다.
5. 모든 재료를 Plate에 Presentation한다.

Prosciutto and Melon

Raw Ham with Honey Melon

재료 

수량	단위	품목
1	ea	Musk Melon
100	g	Parma Ham
5	sprig	Fresh Basil

조리방법

1. Parma Ham을 Slice한다.
2. 잘 익은 Musk Melon을 조각내어 준비한다.
3. Musk Melon에 Parma Ham을 보기 좋게 올려놓는다.
4. Plate에 Presentation한다.

프로슈토(Prosciutto)는 '완전히 건조된(Dried Thoroughly)'의 뜻을 가진 라틴어 페렉스숙툼(Perexsuctum)'과 이탈리아어 '프로슈가토(Prosciugato)'에서 유래된 말로, 돼지 뒷다리를 통째로 바람에 말리는 프로슈토의 생산과정을 잘 나타낸 말이다. 프로슈토 디 파르마(Prosciutto di Parma)는 '파르마(Parma)의 프로슈토'라는 뜻이다.

• 프로슈토의 종류

이탈리아에서는 소금에 절인 돼지고기를 일반적으로 살루메(Salume)라 부른다. 살루메는 돼지고기를 크게 잘라 통으로 사용해 만드는 것과 돼지고기를 갈아 내장 등 케이싱(Casing)에 넣어 만드는 것으로 나뉜다. 돼지고기를 통으로 사용해 만든 살루메 중 대표적인 것이 프로슈토이다. 이탈리아에는 프로슈토의 원산지로 공식 인증 DOP(Denominazione di Origine Protetta, 원산지명칭보호제품)를 받은 곳이 일곱 군데가 있다. 에밀리아-로마냐의 파르마, 프리울리의 산 다니엘레, 에밀리아-로마냐의 모데나, 베네토의 베리코 유가네오, 마르케의 카르페냐, 토스카나와 발레다오스타 지역이며, 그중에서도 에밀리아-로마냐의 파르마 지역에서 생산된 프로슈토 디 파르마의 품질이 가장 우수한 것으로 알려져 있다.

① 프로슈토 디 파르마(Prosciutto di Parma)
에밀리아-로마냐의 파르마 지역에서 생산

② 프로슈토 디 산 다니엘레(Prosciutto di San Daniele)
프리울리(Friuli)의 산 다니엘레 지역에서 생산

③ 프로슈토 디 모데나(Prosciutto di Modena)
에밀리아-로마냐의 모데나 지역에서 생산

④ 프로슈토 디 베네토 베리코-유가네오(Prosciutto di Veneto Berico-Euganeo)
베네토의 베리코 유가네오 지역에서 생산

⑤ 프로슈토 디 카르페냐(Prosciutto di Carpegna)
마르케의 카르페냐 지역에서 생산

⑥ 프로슈토 디 토스카나(Prosciutto di Toscana)
토스카나 지역에서 생산

⑦ 프로슈토 델라 발레다오스타(Prosciutto della Valle d'Aosta)
발레다오스타 지역에서 생산되며 잠본 데 보세스(Jambon de Bosses)라고도 불림

또한 이탈리아와 인접한 스페인과 포르투갈에는 프로슈토와 유사한 하몽(Jamón)과 프레준토(Presunto)가 있다.

Beef Carpaccio

Thinly Sliced Beef, Rucola, Parmesan Cheese, Lemon Dressing

재료 

수량	단위	품목
300	g	Beef Tenderloin
100	g	Fresh Parmesan Cheese
75	ml	Lemon Dressing
100	g	Rucola Salad(Herb Salad)
25	ml	Vergin Olive Oil
5	g	Black Pepper Crushed
10	g	Black Olive
10	g	Stuffed Olive
15	g	Fresh Mushroom
50	ml	Balsamico Dressing
15	g	Pesto

조리방법

1. Beef Tenderloin을 냉동시켜 Slice한 후 소금, 후추로 간을 한다.
2. Lemon Dressing을 만든다.
3. Rucola, Fresh Mushroom을 준비한다.
4. Beef Tenderloin에 Rucola, Fresh Mushroom을 말아 준비한다.
5. 모든 재료를 Plate에 Presentation한다.

카르파치오(Carpaccio)라는 이름은 15세기 이탈리아 르네상스 시대의 유명 화가 비토레 카르파치오(Vittore Carpaccio, 1460~1525/1526)의 실명에서 따온 것이다. 선홍색 소고기와 크림색 소스가 어우러진 모습이 마치 비토레 카르파치오의 그림에서 주로 사용되던 레드(Red)와 화이트(White)의 색감과 비슷하다고 해서 화가의 이름을 요리 이름으로 지었다고 한다.

카르파치오는 1950년 이탈리아 베네치아에 있는 해리스 바(Harry's Bar)의 창업자인 주세페 치프리아니(Giuseppe Cipriani)가 개발하였다. 주세페 치프리아니는 그의 단골손님이었던 아말리아 나니 모체니고(Amalia Nani Mocenigo) 백작부인이 의사로부터 익힌 고기(Cooked Meat)를 먹지 말라는 처방을 받자 그녀를 위해 날소고기를 아주 얇게 썰어 크림색의 소스와 함께 만들어주었다. 당시 헤밍웨이 등 문화예술계의 유명인사를 단골손님으로 많이 확보했던 해리스 바에서 치프리아니를 위해 특별식으로 만든 요리에 카르파치오라는 이름을 붙이게 된 것은 마침 이 시기 베네치아에서 이 지역 출신의 유명 화가 비토레 카르파치오의 그림 전시회가 열리고 있었기 때문이었다. 선홍색 생소고기 위에 크림색 소스가 뿌려진 모습이 마치 비토레 카르파치오가 그의 그림에 즐겨 사용하던 레드(Red)와 화이트(White)의 조화와 비슷했던 것이다. 익히지 않은 생소고기를 조리하는 과정에서 박테리아 등의 병원균 감염이 발생할 수 있어 일반적으로 다루기가 쉽지 않은 요리 재료였기에 주세페가 개발한 생소고기 요리는 당시 혁신적인 요리로 인식되었다. 그래서 생등심 특유의 고소한 맛을 내는 카르파치오는 다른 이탈리아 요리에 비해 역사가 짧음에도 불구하고 오늘날 이탈리아를 대표하는 요리가 되었다.

본래 카르파치오는 소고기를 얇게 슬라이스하여 날로 먹는 것만을 의미하였으나, 오늘날에는 송아지고기, 양고기, 생선, 채소와 과일 등 다양한 재료를 사용하여 이와 유사한 방식으로 만든 요리를 총칭하기도 하며, 때로는 고기 또는 생선을 훈제하여 만든 유사 요리까지 포함하기도 한다.

Duck Foie Gras Terrine

Fig Puree, Sugar Toaste, Carrot Sauce

재료

수량	단위	품목
50	g	Fig Puree
1	ea	Sugar Toaste
2	g	Grape Compote
2	g	Port Wine Sauce
2	g	Herbs Salad
2	g	Balsamic Glazing

조리방법

1. Duck Foie Gras Terrine을 만든다.
2. Sugar Toaste, Grape Compote, Port Wine Sauce를 만든다.
3. Herbs Salad를 준비한다.
4. Terrine에 Sugar Creme Brulee를 한다.
5. Balsamic Glazing을 만든 후 모든 재료를 Plate에 Presentation한다.

프랑스 요리에서 대표적인 전채요리(오드블)인 푸아그라(Foie Gras)는 '비대한 간'이란 뜻으로 거위나 오리에게 강제로 사료를 먹여 간을 크게 만드는 것이다. 거위간은 철갑상어알인 캐비아, 송로버섯과 함께 3대 진미. 양질의 단백질. 지질. 비타민 A, E, 철, 구리, 코발트, 망간, 인, 칼슘 등 빈혈이나 스태미나 증강에 필요한 성분이 풍부하다. 거위간은 프랑스 남부지방과 알자스 지방에서 생산된 것이 최고급으로 적당한 향신료를 쓰고 포도주에 담갔다 조리하는 것이다. 전채요리, 수프요리, 육류요리에 두루 쓰이는데 블랙베리버섯, 코냑, 포트와인, 젤리 등과 각종 향신료를 가미하여 굽거나 찌고 튀기는 방법 등이 있다.

푸아그라(Foie Gras)는 4500년 전인 고대 이집트 때부터 먹었던 것으로 볼 수 있다. 이집트인들은 야생의 거위가 이동할 계절이 되면 엄청난 양의 먹이를 먹어서 여행에 필요한 에너지를 간에 지방의 형태로 축적한다는 사실을 알게 되었다. 대이동을 시작하기 전에 잡은 거위에서 추출한 간은 맛이 좋았고, 금세 곳곳에서 그 맛을 즐기기 시작하였다. 1년 내내 그 맛을 즐기고 싶었던 이집트인들은 의도적으로 거위를 살찌웠는데, 그 방법이 무척 잔인하였다.

즉 억지로 거위에게 먹이를 먹였던 것이다. 현대에 와서는 거위나 오리의 뇌에 전기자극을 주어 식욕 조절하는 부위를 파괴해 버리는 방법을 쓰고 있는데, 단순히 화학물질만 주입하는 방법도 개발되었다고 한다. 미식을 향한 인간의 잔혹함을 엿볼 수 있는 대목이다.

푸아그라는 꼭 거위의 간만을 지칭하는 명사가 아니다. 로마인들은 거위에게 무화과를 먹여서 살찌우곤 했는데, 그렇게 얻은 간을 이에쿠르(Lecur, 간), 피카툼(Ficatum, 무화과)이라 불렀다. 그 말이 8세기에는 피기도(Figido), 12세기에는 페디에(Fedie)와 페이에(Feie)로 바뀌었다가 결국에는 푸아(Foie)가 되었다. 그래서 현대 프랑스어에서는 모든 동물의 간이 푸아그라에 속한다고 할 수도 있다.

Grilled White Asparagus

White Asparagus with Poached Egg and Prosciutto Ham

재료

수량	단위	품목
50	g	White Asparagus
2	ea	Egg
15	g	Prosciutto di San Daniele
15	g	Onion
50	g	Fresh Butter
5	g	Black Pepper Corn
10	g	Lemon Juice
1	ea	Bay Leaf
20	g	Vinegar
0.5	g	Caviar
1	ea	Radish
5	g	Herb

조리방법

1. White Asparagus의 껍질을 제거하여 준비한다.
2. Hollandaise Sauce를 만들어 따뜻한 곳에 보관한다.
3. Poached Egg를 준비한다.
4. White Asparagus를 Grilling한다.
5. 모든 재료를 Plate에 Presentation한다.

〈Poached Egg〉

1. 끓는 물에 먼저 소금을 넣고 녹인다.
2. 식초를 넣고 나무젓가락으로 회오리를 만든다.
3. 불을 끄고 달걀을 회오리 중심에 넣는다.
4. 달걀이 모양을 잡고 어느 정도 삶아지면 불을 켜서 익혀낸다.
5. 물에 살짝 씻어 완성한다.

Salmon-Gravlax

Salmon-Gravlax with Herb's Salad and Balsamic Dressing

재료

수량	단위	품목
300	g	Fresh Salmon
100	g	Herb Salad
100	ml	Lemon Dressing
25	ml	Vergin Olive Oil
100	ml	Balsamico Dressing
10	g	Caper
25	g	Onion
30	g	Horseradish Sauce

조리방법

1. Fresh Salmon의 비늘 제거 후 3장 포 뜨기를 한다.
2. Chervil, Dill을 손질하여 준비한다.
3. Black Pepper를 Crush하여 준비한다.
4. 손질한 Fresh Salmon에 Brandy를 표면에 발라 살균한다.
5. Chervil, Dill, Black Pepper를 뿌려 준비한다.
6. Salt, Sugar를 1 : 1로 섞어 준비한다.
7. **5**를 소창으로 감싸고 **6**으로 덮어 염지한다. (보통 12시간에서 24시간 정도 염지하여 사용한다.)

그라브락스 또는 그라바트락스(스웨덴어: Gravlax, 덴마크어: Gravad Lax, 노르웨이어: Gravlaks), 그라빌로히(핀란드어: Graavilohi), 그라플락스(아이슬란드어: Graflax)는 소금과 설탕, 딜에 담그고 절여 가공한 연어로 만든 스칸디나비아의 음식이다. 그라브락스는 대부분 얇게 저며서 딜과 겨자 소스로 만든 '호브모스타르소스(Hovmästarsås)' 또는 '그라브락스소스(Gravlaxsås)'를 빵이나 삶은 감자와 함께 얹어서 전채로 먹는다.

중세시대에 어부들이 소금에 연어를 절이고 파도가 밀려오는 해안선 위의 모래에 묻어서 가볍게 발효시키면서 그라브락스를 만들었다. 그라브락스는 스칸디나비아의 단어인 그라브에서 나왔으며, 이는 무덤, 혹은 땅속의 구멍(스웨덴어, 노르웨이어, 덴마크어)을 뜻하며, 락스(Laks)는 연어를 뜻한다. 즉 그라브락스는 '땅속에 묻은 연어'를 의미한다.

오늘날 그라브락스를 만들 때 더 이상 발효시키지 않는다. 대신 연어를 마른 소금과 설탕, 딜 속에 묻은 후, 며칠간 말려서 보존 처리한다. 연어가 가공되는 동안, 습기는 마른 가공물을 굉장히 응축된 국물로 변하게 만들며, 이는 스칸디나비아 요리에서 양념으로 사용될 수 있다. 이와 같은 방법으로 다른 기름기 많은 생선에 사용될 수 있지만, 연어가 가장 보편적이다. 절임의 근대적인 변형식에는 회향, 페르노 리큐어, 검은 후추, 고수, 양고추냉이 등이 포함된다.

Carroza

Fresh Mozzarella Cheese with Fresh Basil, Tomato Sauce, Shavings Parmesan Cheese

재료 

수량	단위	품목
75	g	Onion Chop
200	g	Tomato Concasse
25	g	Garlic Chop
50	ml	White Wine
50	g	Butter
1	g	Saffron
50	g	Fresh Parmesan Cheese
50	g	Mozzarella Cheese
2	g	Salt
1	g	White Pepper
4	ea	Toast Bread
100	g	Fresh Basilico
100	ml	Tomato Sauce
4	ea	Toast Bread

조리방법

1. Toast Bread를 적당한 두께로 잘라 Slice와 Bread Crumb으로 준비한다.
2. Mozzarella Cheese를 Slice하여 준비한다.
3. Fresh Basilico, Basilico Pesto를 준비한다.
4. Toast Bread에 Basilico Pesto를 바른 후 Mozzarella Cheese, Fresh Basilico를 한 장씩 올려서 Toasto Bread로 덮어준다.
5. 적당한 크기로 자른 후 달걀에 담갔다가 빵가루를 입힌다.
6. 올리브 오일에 튀겨낸다.
7. Sauce로는 Tomato Chutney를 곁들여낸다.

Porcini Soup

Garlic Crouton, Milk Cappuccino

재료 

수량	단위	품목
500	ml	Chicken Stock
500	ml	Fresh Cream
50	ml	White Wine
150	g	Fresh Mushroom
100	g	Leek
1	g	Thyme
2	leaves	Bay Leaf
50	g	Onion
25	g	Butter
5	g	Chicken Base
1	g	White Pepper

조리방법

1. Porcini Mushroom을 뜨거운 Chicken Stock에 20분간 불린다.
2. Garlic Chop, Onion Chop, Leek Chop과 Mushroom을 Sauteing한다.
3. White Wine을 넣어 Deglacer한다.
4. Chicken Stock을 넣고 끓여준다.
5. Chicken Stock에 Thyme, Bay Leaf, White Pepper, Chicken Base를 넣고 Herb Stock을 만든다.
6. Fresh Cream, Herb Stock을 넣고 Roux로 농도를 맞춘다.
7. Food Processer에 곱게 갈아 제공한다.

세프(Cépe)는 포르치노(Porcino) 또는 포르치니(Porcini)라고 불리는 야생 버섯이다. 색깔은 옅은 갈색으로 무게는 보통 28~57g 정도 나가는데, 큰 것은 454g까지 나간다. 우산부분 지름은 약 2.5~25cm이다. 매끈하고 고기 같은 질감과 숲속의 향내를 가지고 있다. 세프를 고를 때에는 단단하고 큰 우산을 가지고 있으며, 가장자리가 옅은 것이 좋은데, 이리저리 꼬부라진 것은 피한다. 말린 세프는 조리하기 전에 뜨거운 물에 20분 정도 담가 부드럽게 한 후에 조리한다.

그물버섯(Boletus Edulis)은 영어로는 'Cep', 이탈리아어로는 'Porcino'라고 하며, 잉글랜드에서는 'Penny Bun', 북아메리카에서는 'King Boletus'라는 별명으로 불린다. 'Cep'이라는 이름은 가스코뉴어에서 유래한 듯한데, 그물버섯이 들어가는 훌륭한 레시피—예를 들면, 마늘, 샬롯, 파슬리, 빵가루와 함께 볶은 '세프 아 라 보들레즈(Cèpes à la Bordelaise)'—가 프랑스 남서부에서 유래했으므로 적절한 명명으로 보인다.

그물버섯은 활엽수숲에서 자라며, 보통 늦여름부터 가을까지 작은 무리를 지어 피어난다. 굵고 통통한 줄기에 구릿빛에서 짙은 갈색의 갓을 쓰고 있으며, 아래쪽에는 주름 대신 구멍이 숭숭 뚫려 있다. 이 부분은 하얗고 어릴 때는 상당히 단단하다. 작고, 단단하고, 둥글 때 먹는 것이 가장 맛있다.

이탈리아 북부에서는 수많은 요리에 말린 포르치니가 들어가는데, 특히 리조토와 파스타에 많이 넣어 먹으며, 전통적으로 기름에 재워두었다가 먹는다. 물론 슈퍼마켓에서도 살 수는 있지만, 신선한 버섯에 비할 바가 아니다. 때문에 그물버섯 따기는 인기 있는 소풍이다. 그물버섯과의 다른 버섯들도 맛이 좋지만 마귀그물버섯(Boletus Satanas)은 이름에 어울리는 치명적인 독을 품고 있으므로 조심해야 한다.

Asparagus Soup

Fresh Asparagus with Truffle Foam

재료

수량	단위	품목
200	g	Asparagus
75	g	Onion
100	g	Leek
100	g	Spinach
25	g	Garlic Chop
25	g	Butter
500	ml	Chicken Stock
500	ml	Fresh Cream
2	leaves	Bay Leaf
5	g	Chiken Base
1	g	White Pepper
50	ml	White Wine

조리방법

1. Asparagus, Onion, Leek을 Slice하여 준비한다.
2. Spinach는 잎만 깨끗이 씻어 물기를 제거하고 1/2을 Chicken Stock에 갈아 Spinach Juice를 만든다.
3. Garlic Chop을 볶다가 Asparagus, Onion, Leek을 볶아준다.
4. White Wine을 넣어 Deglacer한다.
5. Chicken Stock에 Thyme, Bay Leaf, White Pepper, Chicken Base를 넣고 Herb Stock을 만든다.
6. Fresh Cream, Herb Stock을 넣고 Roux로 농도를 맞추어준다.
7. Spinach Juice를 넣어 색깔을 맞춘다.
8. Fresh Cream, Herb Stock을 넣고 Roux로 농도를 맞춘다.
9. Food Processer에 곱게 갈아 제공한다.

프랑스의 절대 권력자 루이 14세의 동안 비결 음식은 아스파라거스라고 한다.
궁궐 내에 아스파라거스 전용온실을 갖추어 놓고 재배하여 먹을 정도로 좋아했다고 한다.
의학의 아버지 히포크라테스가 아스파라거스는 피로회복, 변비, 관절염, 이뇨작용, 정력에 탁월한 효능이 있다고 하여 세계적인 보양식으로 널리 알려지게 되었다고 한다.

니아신	나트륨	단백질	당질	레티놀	베타카로틴
0.80mg	4.00mg	1.90g	1.90g	0.00㎍	321.00㎍
비타민 A	비타민 B_1	비타민 B_2	비타민 B_6	비타민 C	비타민 E
54.00㎍RE	10.12mg	20.13mg	60.14mg	109.00mg	1.40mg
식이섬유	아연	엽산	인	지질	철분
1.80g	0.56mg	5.00㎍	61.00mg	0.10g	0.50mg
칼륨	칼슘	콜레스테롤	회분		
220.00mg	22.00mg	0.00mg	0.60g		

영양성분 : 100g 기준

Minestrone Soup

Halibut, Raw Ham, Sage, Herbs Salad and Yuza Sauce

재료 

수량	단위	품목
750	ml	Vegetable Stock
250	g	Tomato Puree and Paste
100	g	Tomato Concasse
25	g	Onion Chop
25	g	Carrot
25	g	Cabbage
15	g	Celery
5	g	Garlic Chop
25	g	Chick Peas
10	g	Olive Oil
10	g	Parmesan Cheese
2	g	Thyme
1	ea	Bay Leaf
25	ml	Olive Oil
50	ml	White Wine
5	g	Chicken Base
2	g	White Pepper

조리방법

1. Tomato, Carrot, Cabbage, Celery를 Dice로 준비한다.
2. Chick Peas를 물에 불려 준비한다.
3. Vegetable Stock에 Thyme, Bay Leaf, White Pepper를 넣고 Herb Stock을 만든다.
4. Garlic Chop을 볶다가 Tomato Paste를 볶은 뒤 Tomato, Carrot, Cabbage, Celery, Chick Peas를 넣고 같이 볶아준다.
5. White Wine을 넣어 Deglacer한다.
6. Vegetable Stock, Herb Juice를 넣어준다.
7. Pasta를 적당한 크기로 잘라 넣고 Parmesan Cheese를 뿌려 제공한다.

미네스트로네(이탈리아어: Minestrone)는 채소, 파스타 등으로 만든 이탈리아 전통 수프다. 특별히 정해진 조리법이나 재료는 없으며, 주로 제철에 나는 채소를 이용한다. 자주 사용되는 재료로는 콩, 양파, 당근, 토마토를 들 수 있다.

이탈리아어에서 수프를 뜻하는 Minestra와 –one이라는 접사가 붙은 것이다.

Genovese Soup

Clam Stock with Seafood and Tomato Sauce

재료

수량	단위	품목
25	g	Sole Meat
25	g	Mussel
25	g	Clam
25	g	Squid
25	g	Shrimp
25	g	Red Snapper
5	ml	Olive Oil
10	g	Red Pimento
10	g	Green Pimento
10	g	Onion Chop
10	g	Celery Julienne
10	g	Carrot Julienne
2	g	Ginger Chop
2	g	Garlic Chop
500	ml	Fish Stock
1	g	Saffron
5	ml	Pernod Wine
5	g	Chiken Base
1	g	White Pepper
10	g	Tomato Concasse
3	g	Mustard Cress

조리방법

1. Garlic Chop을 볶다가 Pimento(r/g), Celery Julienne, Carrot Julienne, Onion Chop, Ginger Chop, Saffron을 넣고 함께 볶아준다.
2. 준비된 해산물을 넣고 볶아준다.
3. Pernod Wine을 넣고 Deglacer한다.
4. Fish Stock을 넣어준다.
5. Tomato Concasse, Clam을 넣고 Salt, Pepper로 간하여 제공한다.

Artichoke Green Salad

Grilled Artichoke with Romaine Lettuce Endive, Ricotta Cheese and Vinaigrette Dressing

재료 

수량	단위	품목
250	g	Head Lettuce
100	g	Red Chicory
150	g	Tomato
50	g	Olive
100	g	Artichoke Bottom
100	g	Carrot Slice
100	g	Cucumber
50	g	Endive
200	ml	Vinaigrette Dressing

조리방법

1. Artichoke Bottom을 손질하여 Grilling한다.
2. 나머지 채소들도 깨끗이 씻어 물기를 제거한다.
3. Ricotta Cheese를 만든다.
4. 재료들을 보기 좋게 접시에 담아 제공한다.

아티초크(Artichoke, Globe Artichoke, 학명 Cynara Scolymus)는 엉겅퀴과 다년초로 어린 봉우리를 식용으로 사용한다. 지중해연안이 원산지이며, 키는 1.5~2m이고 잎은 50~80cm, 봉우리는 8~15cm에 이른다.

아티초크는 고대 이집트인에 의해 재배되었으며 세계에서 가장 오래전부터 재배되어 온 식물로, 지중해연안의 이집트 및 남유럽지방에 널리 분포한다. 특히 고기요리와 궁합이 맞아서 유럽에서는 스테이크 등의 고기요리에는 '반드시'라고 할 정도로 곁들여지며 비타민, 미네랄류가 풍부하다.

최근 아티초크는 아삭한 식감과 영양학적 가치를 높게 평가받아 국내에서도 재배하고 있다. 흔하지는 않지만 일부 유명 레스토랑에서는 아티초크를 샐러드 및 각종 요리와 함께 내놓기도 한다.

아티초크의 특징은 적은 지방과 풍부한 영양소이다. 아티초크 100g에는 5.4g의 식이섬유가 들어 있어 변비를 해소시키며 장 속의 유독물질을 흡착해 대장암 예방에 도움을 준다.

비타민도 풍부하다. 비타민 B_9로 불리는 엽산은 아티초크 100g당 68㎍(일일 권장량 400㎍)이 함유돼 있다. 이는 DNA 합성에 관여해 임신 초기 임산부가 먹을 경우 태아의 신경계 발달에 좋은 영향을 끼친다. 또한 뇌의 신경세포 손상을 방지하고 치매를 예방하는 비타민 K 역시 풍부하다.

또한 아티초크에 풍부한 시나린(Cynarin)성분은 콜레스테롤 저하, 혈압 · 혈당 저하, 간 · 신장, 생리불순, 대사기능 개선, 이뇨작용, 숙취 해소에 탁월한 효능이 있다.

Caesar Salad

Romaine with Anchovy, Fried Garlic, Parmesan Cheese

재료

수량	단위	품목
2	g	Anchovy
1	g	Fried Garlic
2	g	Parmesan Cheese
5	g	Caesar Dressing
35	g	Romaine
2	g	Salt/Pepper

※ Caesar Dressing

수량	단위	품목
2	g	Anchovy Chop
1	g	Lemon Juice
2	g	Parmesan Cheese
1	g	Red Wine Vinegar
3	g	Garlic Chop
1	g	Salt/Pepper
10	g	Mayonnaise

조리방법

1. Romaine Lettuce를 씻어 물기를 제거한다.
2. Garlic을 Slice하여 Olive Oil에 튀겨 준비한다.
3. Crouton을 준비한다.
4. Caesar Dressing에 잘 버무려 Fried Garlic, Parmesan Cheese, Crouton을 뿌려 제공한다.

시저샐러드(Caesar Salad)는 로메인 상추와 크루통(Crouton, 튀긴 빵조각)에 파르메산 치즈(Parmesan Cheese), 레몬즙, 달걀, 마늘, 올리브 오일, 우스터 소스(Worcestershire Sauce) 등으로 만든 드레싱을 버무려 먹는 샐러드다. 이름만 들으면 이탈리아 요리로 착각할 수 있으나 1924년 이탈리아계 미국인 시저 카르디니(Caesar Cardini, 1896~1956)가 개발한 미국 요리이다. 시저샐러드는 1930년대 파리에서 열린 국제미식가협회(The International Society of Epicures)에서 일류 주방장들이 뽑은 '지난 50년간 미국인이 만든 요리' 중 최고의 레시피로 선정되기도 했다.

Ricotta Cheese Salad

Spinach with Lettuce, Romaine, Tomato, Ham, Cheddar Cheese and Balsamic Dressing

재료

수량	단위	품목
50	g	Lettuce
100	g	Romaine
50	g	Tomato
10	g	Ham
10	g	Cheese
10	g	Pimento
50	g	Herbs Salad

조리방법

1. 채소들을 씻어 물기를 제거한다.
2. Ham, Cheese, Pimento를 Large Julienne으로 썰어 준비한다.
3. Tomato는 뜨거운 물에 데쳐 껍질 제거 후 Wedge로 썰어 준비한다.
4. Ricotta Cheese를 만든다.
5. 모든 재료를 담고 Ricotta Cheese를 뿌려 Dressing과 함께 제공한다.

리코타 치즈는 유청을 원료로 하여 만든 이탈리아 치즈다. 하지만 리코타 치즈의 주재료가 유청이고, 스타터(Starter)나 레닛이 쓰이지 않았기 때문에 치즈의 분류에 넣지 않고 치즈의 부산물로 보는 경우도 있다. 리코타 치즈의 기원은 라틴과 지중해 연안의 역사에서도 찾아볼 수 있다. 고대 로마의 시골에서 탄생했다고 전해지는 리코타 치즈는 본래 로마에서 양유로 만든 페코리노 로마노(Pecorino Romano) 치즈에서 나온 유청으로 만들었다.

유청은 그대로 버리면 하수시설이나 강을 엉망으로 만들 수 있어 현재뿐만 아니라 과거에도 이를 처리하는 것이 골칫거리였다. 지방함량은 낮으면서 영양분이 풍부한 맑고 투명한 액체인 유청을 치즈로 탈바꿈시킨 것이 리코타 치즈의 시작이다.

리코타는 '두 번 데웠다'는 뜻을 가진 이탈리아어로, 이는 리코타 치즈가 만들어지는 과정을 말해주고 있다. 치즈를 만들기 위해 우유를 데우는 것이 첫 번째, 리코타 치즈를 만들기 위해 모아진 유청을 데우는 것이 두 번째 과정이다. 치즈를 만들고 나서 모아진 유청에 구연산(Citric Acid)과 같은 물질을 넣고 높은 온도(80~90℃)로 끓이면 유청 안에 있는 단백질성분들이 뭉치면서 작은 덩어리들이 위로 뜨게 되는데, 이것을 걷어서 틀에 넣은 후 일정 시간 그대로 놔두면 리코타 치즈가 완성된다.

리코타 치즈에는 여러 종류가 있는데 크게 4가지로 나눌 수 있다. 먼저 리코타 디 로마나(Ricotta di Romana)는 페코리노 로마노 치즈를 만들면서 나온 유청으로 만든 것이다. 두 번째로 리코타 디 아푸미카타(Ricotta di Affumicata)는 우유에서 나온 유청으로 만든 것으로, 모아진 작은 덩어리들을 일단 한 번 눌러준 다음 1~7일 동안 나무를 태워 훈연한다. 한 달 동안의 숙성과정을 거친 후 갈아서 먹으면 된다. 세 번째로 리코타 살라타(Ricotta Salata)는 양유에서 나온 유청을 가지고 만든 것으로 소금을 첨가한 것이 특징이다.

마지막으로 리코타 피에몬테제(Ricotta Piemontese)는 우유에서 나온 유청에 다시 우유를 첨가하여 만든 것이다. 리코타 치즈는 허브와 함께 먹기도 하고 설탕에 절인 과일과 함께 디저트로 먹기도 한다. 또한 요리의 재료로도 사용되는데, 특히 라자냐(Lasagna)의 주재료로 쓰인다.

Insalata alla Caprese

Fresh Mozzarella Cheese, Tomato, Balsamic Sauce, Shavings Parmesan Cheese

재료

수량	단위	품목
100	g	Fresh Mozzarella Cheese
150	g	Tomato
50	g	Balsamic Sauce
10	g	Parmesan Cheese
5	g	Fresh Basil
5	ml	Ceviche Dressing
2	g	Salt/Pepper
5	ml	Olive Oil

조리방법

1. Tomato를 뜨거운 물에 데쳐 껍질 제거 후 Wedge로 썰어 준비한다.
2. Fresh Mozzarella Cheese를 1.5㎠로 Slice한다.
3. Fresh Basil을 씻어 준비한다.
4. Tomato, Fresh Mozzarella Cheese에 Salt/Pepper로 간을 한다.
5. 접시에 Tomato, Fresh Mozzarella Cheese, Fresh Basil 순으로 담는다.
6. Ceviche Dressing과 Balsamic Sauce, Parmesan Cheese를 뿌려 제공한다.

인살라타 알라 카프레제(Insalata alla Caprese)는 이탈리아 남부 '카프리(Capri)풍의 샐러드'라는 뜻이다. 주재료인 토마토(빨간색), 모짜렐라 치즈(흰색), 바질(녹색)의 색이 어우러진 모습이 이탈리아 국기의 색깔과 같아서 '인살라타 트리콜로레(Insalata Tricolore)'라고도 불리는데, 이는 '세 가지 색의 샐러드'라는 뜻이다.

모짜렐라 치즈가 이탈리아에 소개된 것은 서기 1000년경으로 아랍인에 의해서이다. 그리고 토마토가 신대륙으로부터 유입된 것은 약 16세기경으로 알려져 있다. 카프리섬이 위치한 캄파니아주는 모짜렐라 치즈와 토마토가 유명한 곳으로 이 지역 요리에 모짜렐라 치즈와 토마토가 자주 사용되었다. 토마토와 모짜렐라 치즈, 그리고 바질의 조합은 인살라타 알라 카프레제뿐만 아니라 피자, 파스타, 타르트(Tart)에 이르기까지 카프리섬과 캄파니아주의 요리에서 흔히 볼 수 있는 것이다.

하지만 오늘날과 같은 인살라타 알라 카프레제가 생겨난 유래는 정확하지 않다. 인살라타 알라 카프레제가 최초로 언급된 것은 1924년 이탈리아 미래주의(Futurism) 주창자 필리포 마리네티(Filippo Tommaso Emilio Marinetti)에 의해서다. 필리포 마리네티는 카프리섬 퀴시사나(Quisisana) 호텔에서 미래파 동료들과 함께 인살라타 알라 카프레제를 디너 메뉴로 선보였다고 한다.

카프레제의 유래에 관한 또 다른 설로는 1950년대 카프리섬의 마리나 피콜라(Marina Piccola)해변에 위치한 '트라토리아 다 빈센초(Trattoria da Vincenzo)' 레스토랑에서 인살라타 알라 카프레제를 처음 만들어 팔기 시작했다고 한다. 이 레스토랑은 마음껏 먹고도 비키니를 입을 수 있을 정도의 몸매 유지를 원하는 여성들을 위해 이 메뉴를 개발했다고 한다.

인살라타 알라 카프레제가 세계적으로 유명해지게 된 것은 1952년 휴가차 카프리섬을 방문한 이집트의 왕 파룩(King Farouk)에 의해서라고 전해진다. 어느 날 오후 마리나 피콜라(Marina Piccola)해변에서 파룩 왕이 가벼우면서도 새로운 식사를 요청했다고 한다. 이에 오레가노로 향을 더한 인살라타 알라 카프레제를 넣어 만든 따뜻한 샌드위치를 제공했는데, 그 맛에 반한 왕이 이를 극찬하면서 대중들에게 알려지고 인기가 높아졌다는 것이다.

Spaghetti alla Pomodoro

Tomato Sauce with Onion Chop, Fresh Basil and Parmesan Cheese

재료 

수량	단위	품목
60	g	Tomato Sauce
1	g	Fresh Basil
30	g	White Wine
30	g	Tomato Concasse
5	g	Parmesan Cheese
8	g	Onion Chop
0.1	g	Prezzemolo
2	g	Garlic Chop
15	g	Olive Oil

조리방법

1. Spaghetti를 삶아서 준비한다.
2. Garlic Chop을 볶다가 Onion Chop을 볶아준다.
3. Tomato Concasse를 볶다가 White Wine을 Deglacer 한다.
4. 삶은 Spaghetti를 넣어 볶으면서 Tomato Sauce를 조금씩 첨가한다.
5. Prezzemolo를 넣어준다.
6. Parmesan Cheese를 첨가하고 Fresh Basil과 Extra Virgin을 넣어 마무리한다.

토마토의 원산지는 안데스산맥의 해발 2~3천 미터 부근의 고랭지인 페루와 에콰도르 등지이다. 적도에 가까운 이곳은 열대와 아열대 기후지역으로 일조량이 풍부하고 배수가 잘 되는 토양을 지녔다. 원래 토마토는 옥수수밭에서 자라는, 노란색의 작은 열매가 열리는 잡초의 일종이었다.

토마토가 재배되기 시작한 것은 700년 무렵으로, 안데스산맥에서 자라던 야생 토마토가 인디오들의 이동에 따라 중앙아메리카와 멕시코에 전해지면서 일상적인 식품으로 자리 잡게 되었다. 야생 토마토를 체계적으로 재배하고 다양한 요리에 사용하기 시작한 사람들이 바로 멕시코인들이었다.

토마토가 토마토라는 이름을 얻게 된 것도 아즈텍 문화권의 고대 멕시코인들인 아즈텍인들이 토마토를 '토마틀(Tomatl)'이라 불렀기 때문이었다.

토마토는 스페인 사람들에 의해 필리핀에 전해졌고, 필리핀에서 동남아시아로, 다시 아시아 전역으로 퍼졌다. 우리나라에 들어온 시기는 정확히 알려진 바는 없지만 『지봉유설』이라는 책에 기록되었으며, 최남선은 토마토의 전래에 대하여 "임진왜란 때부터인지는 모르겠지만 토마토가 중국을 거쳐 들어와 남만시라고 하였다"라고 기술하고 있다. 이것이 일반적인 토마토의 전래시기이다.

Tagliatelle al Ragu alla Bolognese

Tagliatelle with Ragu Sauce

재료 

수량	단위	품목
10	g	Onion Chop
2	g	Garlic Chop
20	g	White Wine
20	g	Tomato Concasse
5	g	Parmesan Cheese
15	g	Olive Oil
15	g	Fresh Cream
0.1	g	Prezzemolo
0.1	g	Fresh Basil

Dough

수량	단위	품목
200	g	Flour
2	g	Egg
2	g	Salt
5	g	Olive Oil

Ragu Sauce

수량	단위	품목
2	ea	Onion
50	g	Celery
300	g	Carrot
50	cc	Olive Oil
300	g	Ground Beef
100	cc	Red Wine
300	g	Whole Tomato
2	piece	Garlic
300	ml	Brodo
3	g	Salt/Pepper

조리방법

1. Tagliatelle를 삶아 준비한다.
2. Garlic Chop을 볶다 Onion Chop을 볶아준다.
3. Tomato Concasse를 볶다가 White Wine을 Deglacer 한다.
4. 삶은 Tagliatelle를 넣고 볶으면서 Ragu Sauce를 조금씩 첨가한다.
5. Prezzemolo를 넣어준다.
6. Parmesan Cheese를 첨가하고 Fresh Basil과 Fresh Cream을 넣어준다.
7. Extra Virgin을 넣고 마무리한다.

탈리아텔레(Tagliatelle)는 이탈리아 파스타의 가장 전형적인 유형 중 하나로, 면을 납작하고 길게 자른 것이 특징이다. '자르다'라는 뜻의 이탈리아어 '탈리아레(Tagliare)'에서 이름이 유래됐는데, 반죽을 얇게 밀어 돌돌 말아 우리나라의 칼국수처럼 칼로 잘라서 만들기 때문에 생긴 이름이다. 지역에 따라 이탈리아 북부의 롬바르디아주(Lombardia)에서는 '바르델레(Bardele)', 서부의 로마를 중심으로 하는 라치오주(Lazio)에서는 '페투치네(Fettuccine)'라고 부른다. 15세기 이탈리아 유명 레스토랑의 요리사 마스트로 마르티노가 라자냐(Lasagne)를 돌돌 말아서 손가락 너비로 자른 파스타를 자신의 요리책에 소개하였는데, 시간이 흐르면서 다양한 크기로 잘리고 변형되어 지금의 탈리아텔레가 탄생하게 되었다. 탈리아텔레보다 너비가 약간 더 넓은 것은 페투치네, 면의 굵기가 더 가는 것은 탈리에리니(Taglierini)와 탈리올리니(Tagliolini)라고 불린다. 팔리아 에 피에노(Paglia e Fieno)는 달걀로 만든 면과 시금치로 만든 면을 섞어 서로 다른 두 가지 색의 탈리아텔레가 섞인 것을 말한다.

생면 탈리아텔레의 주재료는 연질밀, 달걀, 물, 소금, 올리브유 등이며, 면에 색감을 주기 위해 반죽에 시금치, 호박, 토마토를 넣기도 한다.

Trenette al Pesto alla Genovese

Trenette with Asparagus, Basil Pesto and Parmesan Cheese

재료

수량	단위	품목
100	g	Trenette
1	g	Fresh Basil
30	g	White Wine
40	g	Basil Pesto
30	g	Fresh Asparagus
5	g	Parmesan Cheese
8	g	Onion Chop
2	g	Garlic Chop
15	g	Olive Oil

조리방법

1. Trenette를 삶아 준비한다.
2. Garlic Chop을 볶아준다.
3. White Wine을 Deglacer한다.
4. 삶은 Trenette를 넣어 볶으면서 면수를 조금씩 첨가한다.
5. Fresh Asparagus를 첨가한다. Pesto를 넣어준다.
6. Basil Pesto, Fresh Basil을 첨가한다.
7. Parmesan Cheese, Extra Virgin을 넣고 마무리한다.

트레네테는 제노바에서 만들어진 건조 파스타로 링귀니와 비슷하지만 조금 더 넓적하다. 트레네테에는 전통적으로 페스토 소스를 얹어 먹는데, 페스토 소스는 전 세계적으로 유명한 제노바식 소스다. 제노바가 속해 있는 리구리아주에는 맛 좋은 올리브와 잎이 작고 향이 진한 바질이 자란다. 제노바 사람들은 자신들의 땅에서 직접 키운 바질과 올리브유를 사용해 절구에 손으로 빻아 만든 페스토만이 진정한 페스토라고 굳게 믿고 있다.

이를 이용해 만든 페스토는 바질의 향기로움, 잣과 치즈의 기름진 고소함, 올리브유의 독특한 향이 어우러진 고급 소스다. 다양한 재료가 들어가지만 페스토 소스의 생명은 바로 바질이다. 향이 좋고 신선한 바질을 사용해야만 색깔도 예쁘고 향이 좋은 페스토를 만들 수 있기 때문이다.

페스토는 바질 잎과 잣, 마늘, 페코리노 치즈가루, 올리브유 등을 함께 갈아서 만드는데, 전통적으로는 절구에 직접 빻아서 만든다. 때문에 이탈리아어로 '빻다'라는 뜻인 '페스타레(Pestare)'라는 어휘에서 페스토라는 이름이 생겨났다.

Spaghetti alla Carbonara

Spaghetti, Bacon, Egg Yolk, Parmesan Cheese, Fresh Cream

재료

수량	단위	품목
90	g	Spaghetti
1	ea	Egg Yolk
40	g	Guanciale (Cured Pork Cheek), Small Diced
30	g	Grated Parmesan Cheese
some		Salt/Pepper
10	g	Olive Oil

조리방법

1. Spaghetti를 삶아서 준비한다.
2. Egg Yolk, Grated Parmesan Cheese, Salt, Pepper, Cold Water를 혼합한다.
3. Guanciale(Cured Pork Cheek)를 Saute한다.
4. 3에 Spaghetti를 넣고 2를 넣어 잘 섞어 담아낸다.

이탈리아어로 'Carbone'는 '석탄'이라는 의미로 중부 이탈리아에 위치한 라치오 지역의 음식이다. 원래는 아펜니니산맥에서 석탄을 캐던 광부들이 오랫동안 보존할 수 있도록 소금에 절인 고기와 달걀만으로 만들어 먹기 시작한 것이 카르보나라의 시초이다. 광부들이 이 음식을 먹다가 몸에 붙어 있던 석탄가루가 접시에 떨어진 것에 착안해서 굵게 으깬 통후춧가루를 뿌려 먹게 되었다는 설이 있다.

전통적인 이탈리아 방식의 카르보나라와 한국에서 쉽게 접할 수 있는 카르보나라는 맛과 모양이 다르다. 한국에서는 생크림을 듬뿍 넣어 걸쭉하게 만들지만 이탈리아의 로마식 카르보나라 소스는 생크림은 전혀 사용하지 않는다. 판체타(이탈리아식 햄)나 달걀노른자, 치즈가루만을 사용해서 만들기 때문에 진한 노란색을 띤다. 전통방식의 카르보나라에는 판체타가 아닌 구안찰레(Guanciale)를 사용하는데 돼지의 뺨과 목살부위를 이용하여 만드는 햄인 구안찰레를 바삭하게 구워 면과 함께 내놓는다. 여기에 페코리노 로마노(Pecorino Romano)라는 로마의 전통 양젖 치즈를 사용하는데, 페코리노 치즈를 넣고 구안찰레를 얹은 카르보나라를 정통 '카르보나라'라고 지칭할 수 있으며 느끼하지 않고 고소하며 담백한 맛이 일품이다.

Spaghetti alle Vongole
Spaghetti with White Wine Clam Sauce

재료 

수량	단위	품목
100	g	Spaghetti
250	g	Clam with Shell
0.5	g	Prezzemolo
20	g	Garlic Slice
1	g	Peperoncino
50	ml	White Wine
100	ml	Olive Oil

조리방법

1. 모시조개는 깨끗이 씻어 소금물에 해감시킨다.
2. Spaghetti를 삶아 준비한다.
3. Olive Oil에 Garlic Slice를 Saute하다 Peperoncino, Shell을 함께 Saute한다.
4. White Wine을 Deglacer한다.
5. Clam과 면수를 넣어 Shell이 익기 시작하면 Spaghetti를 넣고 Saute한다.
6. Salt, Pepper로 간을 한다.
7. Prezzemolo, Extra Virgin을 넣고 완성한다.

해감방법

* 물 1L, 소금 35g = 4시간 이상 담가 해감한다.

봉골레(Vongole)는 조개를 뜻하는 이탈리아어이다. 조개국물을 기본으로 해서 만드는 조개 소스와 깔끔하고 담백한 맛이 인상적인 봉골레 파스타는 이탈리아에서 인기 있는 파스타 중 하나다. 봉골레 파스타는 올리브 오일을 두른 팬에 마늘과 조개를 넣고 충분히 볶다가 적당히 익었을 때 면을 볶아내면 완성되는 간단한 요리다. 토마토 소스나 크림 소스를 넣고 간을 하는 것이 아닌, 재료라고는 달랑 조개 하나만을 사용하여 만들기 때문에 때로는 밀가루 맛만 느껴지는 끔찍한 요리가 되기도 하며, 성의가 없으면 해감이 덜된 조개의 모래를 씹을 수도 있다. 재료만 놓고 보면 단순해 보이는 봉골레 파스타는 이처럼 요리를 만드는 사람의 정성이 가득 담긴 사랑스러운 파스타이다.

해안지역인 베네치아 지역에서 유명한 봉골레 파스타는 과거부터 바지락, 모시조개, 백합 등 바다에서 공수되는 다양한 조개를 이용하여 만들어졌다. 그렇기 때문에 조개의 생산량이 풍부한 한국에서도 쉽고 맛있게 만들 수 있는 파스타가 바로 봉골레다. 봉골레 파스타는 항구지방에 사는 어부들의 든든한 한 끼 식사였는데, 스파게티 면을 삶은 뒤 치즈를 얹어 먹던 것에 지루함을 느꼈던 어부들이 어느 날 갓 잡아온 신선한 조개를 넣고 요리를 시작하였으며, 그 후 현재의 담백하고 깨끗한 맛을 내는 봉골레 파스타가 탄생되었다.

Pasta ai Frutti di Mare con Pomodoro

Spaghetti with Seafood, Mushroom and Tomato Sauce

재료

수량	단위	품목
100	g	Spaghetti(Raw)
1	lt	Tomato Sauce
75	g	Squid
75	g	Clam with Shell
20	g	Shrimp
75	g	Scallop
5	g	Fresh Basil
50	ml	White Wine
150	g	Tomato Concasse
50	g	Onion Chop
10	g	Garlic Chop
50	ml	Olive Oil
100	g	Fresh Mushroom

조리방법

1. Tomato Sauce를 만들어 준비한다.
2. Spaghetti를 삶아서 준비한다.
3. Pan에 Garlic Chop, Onion Chop을 Saute하다 나머지 재료를 넣어준다.
4. White Wine을 Deglacer한다.
5. Spaghetti를 넣고 Tomato Sauce, Prezzemolo를 첨가한다.
6. Salt, Pepper로 간을 한다.
7. Fresh Basil, Extra Virgin을 넣고 완성한다.

길게 늘어진 모양이 마치 국수와 흡사해 한국 사람들에게 더욱 친숙하게 다가오는 스파게티(Spaghetti). 어쩌면 우리나라 사람들에게 '스파게티'는 파스타보다 더욱 익숙한 단어이다. 파스타를 즐겨 먹는 사람들도 파스타와 스파게티를 구분하지 못하는 경우가 많은데 스파게티는 파스타의 한 종류로 얇고 긴 모양을 가진 면의 이름이다. 스파고(Spago)는 이탈리아어로 '실'이라는 뜻인데, 실처럼 가늘고 길게 생긴 면이 모여 있다는 의미로 스파게티라는 이름이 생긴 것이다.

스파게티는 1824년 '안토니오 비비아나'라는 사람이 쓴 「나폴리의 마케로니」라는 제목의 시에서 그 유래를 찾아볼 수 있다. 그전까지만 해도 스파게티는 파스타를 모두 일컫는 '마케로니' 혹은 '베르미첼리(Vermicelli)'라고 불렸다. 스파게티는 초기단계에 나폴리에서 만들어졌으며 그때의 스파게티는 현재의 스파게티 두께와 비슷한 얇고 가는 것이었다. 시간이 지나면서 스파게티가 이탈리아 북부지방으로 이동하게 되었고 두꺼운 면발을 선호하는 북부인들의 기호에 맞게 점차 두꺼워지기 시작했다. 해산물이 풍부한 남부지방 사람들의 입맛이 깔끔하고 간이 약했다면 산악지대로 이루어진 북부지대에 거주하는 사람들은 다소 간이 센 음식을 선호하였기에 진한 소스를 사용하였고, 소스의 맛을 충분히 흡수시키기 위해 오늘날과 비슷한 두께(1.8~2.0mm)의 스파게티로 변하게 되었다.

Penne all' Arrabbiata

Penne with Fresh Mozzarella and Arrabbiata Sauce

재료

수량	단위	품목
100	g	Penne(Raw)
1	lt	Tomato Sauce
250	g	Tomato Concasse
100	g	Onion
50	g	Prezzemolo Napoletano
50	g	Peperoncino
10	g	Garlic Chop
50	ml	Olive Oil
50	ml	White Wine
10	g	Fresh Basil

조리방법

1. Tomato Sauce를 만들어 준비한다.
2. Penne를 삶아 준비한다.
3. Pan에 Garlic Chop, Onion Chop, Peperoncino를 Saute하다 나머지 재료를 넣어준다.
4. White Wine을 Deglacer한다.
5. Penne를 넣고 Tomato Sauce, Prezzemolo를 첨가한다.
6. Salt, Pepper로 간을 한다.
7. Fresh Basil, Extra Virgin을 넣고 완성한다.

북부 이탈리아인들은 매운맛을 그다지 좋아하지 않지만 남부 사람들은 매운맛을 아주 좋아한다. 특히 작고 빨간 고추의 매운맛을 좋아하는데, 부츠 모양을 하고 있는 이탈리아 반도에서 발바닥 부분을 차지하고 있는 바실리카타 사람들은 고추를 특히 많이 먹는다.

바실리카타의 식재료에서 기본이 되는 것 중 하나가 바로 매운 고추로, 웬만한 요리에는 빠지지 않는 약방의 감초다. 심지어 햄을 만들 때에도 매운 고추를 갈아 넣어 빨갛게 만들기 때문에 이곳 음식은 매콤한 맛을 좋아하는 한국인들에게는 제법 친근감이 느껴진다.

파스타 요리 중 매운맛을 내는 대표선수 펜네 알 아라비아타 역시 바실리카타의 음식이다. 삶은 펜네에 매운 고추를 듬뿍 넣어 만든 토마토 소스를 얹어낸다. 전통적으로는 판체타(베이컨)를 넣기도 한다. 펜네 알 아라비아타는 '화난 펜네'라는 뜻으로 매운맛을 '화가 났다'라고 표현한 것도 무척 재미있다.

Gnocchi di Patate Spinach

Baked Potatos with Spinach, Egg, Parmesan Cheese

재료

수량	단위	품목
1	ea	Potato
30	g	Durum Wheat
3	g	Garlic Chop
10	g	Onion Chop
0.5	ea	Egg
10	g	Grana Padano Cheese
1	g	Fresh Basil
5	ml	Fresh Cream
2	g	Salt/Pepper
5	ml	Gorgonzola Cheese
1	g	Prezzemolo Napoletano
10	g	Spinach

조리방법

1. Potato를 껍질째 삶아 준비한다.
2. Spinach Leaf는 절반은 Egg와 같이 Food Blender에 갈아 즙을 준비한다.
3. Potato 껍질 제거 후 1차 Masher에 내려 2차 1Mesh Sieve에 내려 준비한다.
4. Sieve에 내린 Potato에 Spinach Juice와 Durum Wheat, Grana Padano Cheese, Salt/Pepper를 넣고 반죽을 한다.
5. 반죽을 한입 크기로 잘라 Gnocchi를 만들어 삶아서 준비한다.
6. Pan에 Garlic Chop, Onion Chop을 Saute하다가 Gnocchi와 나머지 재료를 넣어 완성한다.

이탈리아 요리로 버터와 치즈에 버무린 수제비. 중간 크기의 감자를 잘 씻어 찜통에 찐 다음 껍질을 벗겨 덩어리가 없도록 으깬다. 달걀 2개를 깨어 기름 · 소금 · 치즈가루 등을 섞고 여기에 밀가루를 조금씩 넣어가며 모두 섞어 부드러운 반죽이 되면 밑판에 놓고 1cm 정도 두께와 2.5cm 길이로 자르거나, 뇨끼를 비슷한 모양 되도록 잘라가며 끓는 소금물에 넣는다. 3~5분간 삶아 건져서 녹인 버터를 묻히고, 갈아놓은 치즈와 파르메산 치즈를 묻혀낸다. 감자, 밀가루 또는 전분을 이용하여 공모양으로 만들어 수프에 넣거나, 토마토 소스와 함께 내거나 오븐에 굽거나 튀길 수 있다.

Pansotti alla Ligure

Assortiment Seafood Ravioli with Lobster Sauce

재료

수량	단위	품목
600	g	Dough
250	g	Ricotta Cheese
250	g	Spinach
750	ml	Fresh Cream
100	ml	Parmesan Cheese
100	g	Onion Chop
10	g	Garlic Chop
30	g	Walnut
150	ml	Eggplant
150	g	Zucchini
50	g	White Wine
10	ml	Fresh Basil
5	g	Fresh Oregano
3	g	Salt
1	g	White Pepper

조리방법

1. 모든 채소를 Brunoise로 썰어서 준비한다.
2. Pan에 Garlic Chop, Onion Chop을 Saute하다 나머지 채소를 넣어 볶아낸다.
3. Ricotta Cheese, Parmesan Cheese를 채소와 함께 Dough에 Stuffing한다.
4. Ravioli(Pesto di Noci)를 끓는 물에 삶아낸다.
5. Pesto di Noci에 잘 섞어 완성한다.

라비올리(Ravioli)는 이탈리아의 대표적인 파스타 중 하나이다. 파스타 리피엔나(Pasta Ripiena, Filled Pasta)의 형태로 파스타 반죽에 치즈, 채소, 생선, 고기 등의 다양한 재료로 속을 채워 만든다. 원형이나 사각형으로 자른 파스타 반죽 안에 속재료를 채워 넣은 모양이 작은 만두와 유사하다. 라비올리는 이탈리아의 중북부지방에서 발달한 요리로 정확한 연도는 알려지지 않았으나 중세시대에 탄생했다는 것이 일반적인 견해이다. 지역에 따라 모양과 크기, 속재료가 다르고 부르는 이름이 다르며 끓는 물에 삶아 그대로 먹거나, 다양한 소스에 버무리기도 하며, 육수나 수프에 건더기처럼 넣어 먹거나 튀겨내기도 한다.

라비올리(Ravioli)에 대한 정확한 기원은 잘 알려지지 않았으나, 중세시대에 탄생한 것으로 보는 게 일반적인 견해이다. 중세시대는 이탈리아에서 파스타 생산기술이 발달하던 시기이기도 했다. 라비올리(Ravioli)는 1353년에 발간된 보카치오(Boccaccio)의 저서 『데카메론(Decameron)』에 등장하는 것으로도 유명하다. 벤고디(Bengodi)라 불리는 상상 속 구르메 파라다이스(Gourmet Paradise)가 등장하는 장면으로 산처럼 쌓인 파르미지아노 레지아노 치즈가루 위에서 마카로니(Macaroni)와 라비올리(Ravioli)를 만들어 닭 육수에 넣고 끓여 먹는 사람들의 광경이 묘사되어 있다.

오늘날 라비올리(Ravioli)와 토르텔리(Tortelli)는 모두 파스타 리피엔나(Pasta Ripiena), 즉 반죽 안에 다양한 속재료를 채워 넣은 형태의 파스타에 속한다. 그러나 초기의 라비올리(Ravioli)는 주로 속재료(Filling)만을 의미했고, 이를 감싸는 파스타 반죽은 토르텔리(Tortelli)라는 이름으로 구분되어 불렸다. 이렇게 라비올리와 토르텔리를 명확히 구분했던 사실은 14세기에 써진 작자 미상의 『요리책(Liber de Coquina, The Book of Cooking)』에도 잘 설명되어 있다.

판소티는 이탈리아어로 '불룩한 배(Big Bellies)'를 의미한다.

Lasagna alla Bolognese

Lasagna Dough with Bolognese Sauce, Bechamel Sauce and Mozzarella Cheese

재료

수량	단위	품목
50	g	Dough
12	ml	Ragu Bolognese
120	g	Parmesan Cheese
50	g	Mozzarella Cheese
50	g	Bechamel
10	g	Olive Oil
50	g	White Wine
10	ml	Fresh Basil
3	g	Salt/Pepper

조리방법

1. Dough를 만들어 삶아서 준비한다.
2. Baking Dish에 Ragu Bolognese를 바닥에 골고루 발라 준다.
   Pasta → Ragu Bolognese → Parmesan Cheese → Bechamel → Pasta 순으로 세 번 반복한다.
3. 마지막 Pasta 위에 Parmesan Cheese, Mozzarella Cheese, Fresh Basil을 충분히 올려준다.
4. 180℃에서 15분간 구워낸다.

라자냐의 오랜 역사는 고대 로마로 거슬러 올라간다. 서기 1세기의 미식가 마르쿠스 가비우스 아피키우스의 저서 『요리의 기술(L'arte Culinarian)』에 오늘날의 라자냐와 유사한 요리가 등장한다. 또한 일설에 따르면 라자냐는 키케로(Cicero, BC 106~BC 43, 로마의 정치가, 철학자)가 가장 좋아하는 요리였는데, 질감이 물렁하고 부드러워서 치아가 나빠진 노년에도 먹기 편한 음식이기 때문이었다고 한다. 고대 로마의 대문호 호라티우스(Flaccus Quintus Horatius) 역시 "파와 병아리콩을 넣은 라자냐를 먹으러 집으로 간다(Inde Domum Me. Ad Porri et Ciceris Refero Laganique Catinum, 『풍자시(Satires)』 1권 4절)"라는 시구를 남긴 바 있다. 그러나 당시의 라자냐는 오늘날과 같은 형태가 아닌, 넓적하게 자른 반죽을 익혀 채소나 치즈를 뿌려 먹는 요리였다.

이후 라자냐가 오늘날과 비슷한 모습을 갖추게 된 것은 14세기경으로 추정된다. 1863년 볼로냐의 출판업자 프란체스코 잠브리니(Francesco Zambrini)가 출간한 『14세기 부엌에 대한 책(Il Libro Della Cucina del Sec. XIV)』에 실린 레시피는 치즈와 파스타를 층층이 쌓아 만든 형태로, 오늘날의 라자냐와 흡사하다.

파스타와 재료를 번갈아가며 층층이 쌓는 라자냐 요리법은 이후 수세기에 걸쳐 이탈리아 전역으로 퍼져나갔고, 각 지방마다 고유의 라자냐 레시피가 생겨났다. 그중 가장 유명한 것이 에밀리아-로마냐 지역의 '라자냐 알라 볼로네제'로, 볼로냐의 유명한 파스타 소스인 라구 알라 볼로네제를 활용한 레시피이다.

Risotto alla Pescatora

Carnaroli with Seafood, Mushroom, Parmesan and Tomato Sauce

재료

수량	단위	품목
60	g	Carnaroli
1.5	lt	Tomato Sauce
150	g	Lobster Tail
100	g	Shrimp
100	g	Squid
100	g	Clam with Shell
10	g	Mussel with Shell
50	g	Octopus
20	g	Grana Padano Cheese
100	g	Tomato Concasse
15	g	Garlic Chop
15	g	Olive
50	g	Green Peas
1	g	Saffron

조리방법

1. 해산물을 손질하여 준비한다.
2. Pan에 Garlic Chop, Onion Chop을 Saute하다 Carnaroli를 넣어준다.
3. White Wine을 Deglacer한다.
4. Clam Stocks, Tomato Sauce를 첨가하면서 Saute한다.
5. 손질한 해산물과 나머지 재료를 넣어준다.
6. Grana Padano Cheese, Fresh Basil, Extra Virgin을 넣어 완성한다.

이탈리아는 유럽에서 가장 많은 쌀을 생산하는 국가이며 그중에서도 리조토는 이탈리아 북부지방(피에몬테, 롬바르디아주)에서 시작되었다. 15세기부터 쌀을 생산하기 시작한 북부지방에서는 자연스럽게 밥을 활용한 음식을 만들게 되었고 이는 리조토의 시초가 되었다. 일부에서는 리조토가 스페인의 빠에야와 유사하다고 하지만 리조토의 종류와 조리법이 더 많다. 이탈리아 북부 해안지역에서는 생선이나 새우, 조개 등을 넣은 해산물 리조토를 주로 만들어 먹는다.

에밀리아-로마냐주(Emilia-Romagna)의 가장 긴 계곡에 위치한 포강은 피에몬테에서 롬바르디아를 거쳐 베네토주(Veneto)까지 연결되어 있다. 이 계곡의 서쪽 농경지에서 생산되는 쌀의 양은 전 유럽을 통틀어 가장 많은 양이다. 특히 이곳에서 생산되는 쌀을 가공하여 만드는 녹말(Starch)은 이탈리아 전 지역에서 많은 사랑을 받고 있다. 베네토 지역 역시 농업 생산량이 많은 곳으로 이 지역에서는 식사 시 첫 번째 코스로 쌀을 이용한 음식을 담아내기도 한다. 이탈리아에서 인기 있는 리조토 중 하나인 밀라노의 '샤프란 리조토'는 대단히 값비싼 향신료인 샤프란을 사용하며 노란색을 띠는 것이 특징이다. 16세기 초 성당의 스테인드 글라스 창문에 색을 입히기 위해 사용하던 샤프란을 한 일꾼이 리조토에 사용하게 된 후부터 샤프란 리조토는 인기를 끌게 되었고 지금까지 이어지게 되었다. 소시지와 아티초크를 넣고 구워낸 리조토는 리구리아 지역에서 전통적으로 내려오는 리조토로 다른 리조토와 달리 일정 시간 전에 미리 만들어놓아야 한다. 이 과정을 통해 아티초크의 맛이 리조토에 충분히 배어든다. 또한 송아지의 흉선(Sweetbread) 부위를 넣는 것이 특징인데 어린 송아지의 흉선은 상당히 부드럽고 섬세한 맛을 지니고 있기 때문에 다른 재료와 함께 조리되면 훌륭한 풍미를 낸다.

리조토의 점도 : All'onda

Risotto con Spinaci e Gorgonzola

Carnaroli with Spinaci, Gorgonzola Cheese, Hot Vegetables

재료

수량	단위	품목
60	g	Carnaroli
30	g	Spinach
30	g	Gorgonzola Cheese
10	g	Parmesan Cheese
20	ml	Chicken Stock
1	g	Fresh Basil
30	g	White Wine
8	g	Onion Chop
2	g	Garlic Chop
15	g	Olive Oil
5	g	Butter

조리방법

1. Spinach를 데쳐 다져서 준비한다.
2. Pan에 Garlic Chop, Onion Chop을 Saute하다 Carnaroli를 넣어준다.
3. White Wine을 Deglacer한다.
4. Chicken Stock을 첨가하고 Spinach를 넣어준다.
5. Gorgonzola Cheese, Parmesan Cheese를 넣어준다.
6. Fresh Basil, Butter, Extra Virgin을 넣고 완성한다.

이탈리아의 대표적인 블루 치즈로, 이탈리아 롬바르디아주(州) 밀라노(Milano) 동쪽에 있는 고르곤졸라 지역에서 주로 생산된다. 9세기 후반 '고르곤졸라의 스트라키노(Stracchino di Gorgonzola)'로 알려진 스트라키노는 '피곤한'을 뜻하는 'Stracco'의 파생어이다. 가을에 고산목장으로부터 귀환하다가 고르곤졸라에서 쉬고 있던 지친 소들의 우유로 처음 만들어졌으며, 알프스 지역에 서식하는 페니실리움 곰팡이가 피어서 고르곤졸라 치즈가 탄생하였다고 한다. 이 밖에 천연 까브(Cave: 저장고)가 있는 발사시나(Valsassina)의 파스투로(Pasturo)에서 태어난 치즈라는 설도 있다. 가열과 압착을 하지 않고 만들어 숙성시키며, 숙성 시작 3~4주 후에 바늘로 공기구멍을 뚫어준다.

20세기 초부터 특히 외국에서 인기를 끌어왔는데 이는 푸른곰팡이 치즈이면서도 로크포르, 스틸턴 등에 비해 곰팡이가 적어 톡 쏘는 맛이 덜하고, 염분이 강하지 않으며, 감촉이 크림처럼 좋기 때문이다. 서양배 위에 얹어 먹거나, 스테이크 소스로 즐기며, 샐러드, 파스타, 뇨끼, 리조토, 폴렌타, 드레싱 등 각종 요리의 맛을 돋우는 데 쓴다. 잘 숙성된 진한 레드 와인을 마시면서 먹으면 일품이다.

숙성 정도에 따라 비앙코(Bianco), 돌체(Dolce), 피칸테(Piccante)로 나뉜다. 비앙코는 곰팡이가 막 자라기 시작한 것, 돌체는 숙성기간이 60일이 지난 것, 피칸테는 90~100일가량 숙성시킨 것이다. 돌체는 크림같이 부드럽고 단맛이 좋으며 마스카르포네 치즈나 견과류와 함께 케이크에 자주 사용된다. 맛과 향이 강하고 건조하여 쉽게 부서지는 피칸테는 디저트로 즐겨 먹는다.

Risotto alla Milanese

Carnaroli with Saffron, Parmesan Cheese and Hot Vegetables

재료

수량	단위	품목
60	g	Carnaroli
2	g	Saffron
1	g	Fresh Basil
30	g	White Wine
30	g	Tomato Concasse
8	g	Onion Chop
2	g	Garlic Chop
10	g	Parmesan Cheese
15	g	Olive Oil
5	g	Butter

조리방법

1. Pan에 Garlic Chop, Onion Chop을 Saute하다 Saffron, Carnaroli를 넣어준다.
2. White Wine을 Deglacer한다.
3. Broth를 넣고 All'onda로 익혀준다.
4. Parmesan Cheese, Butter, Extra Virgin을 넣고 완성한다.

세계적으로 고가 향신료 중 하나인 Saffron은 기원전 16세기부터 사용했다는 기록을 크레타섬의 벽화에서 확인할 수 있다. 페르시아나 서아시아로부터 중국으로 대량 수출되었으며 꽃은 착색에 이용된다. 영국에서는 달콤한 방향과 오렌지색을 가진 샤프란이 콘폴 지방의 전통적인 케이크의 첨가물로 사용되어 많은 사람들에게 친숙하다. 프랑스의 부야베스, 스페인의 빠에리아, 밀라노의 리조토 등은 모두 샤프란의 색과 향을 사용했다. 말린 수술 10개 정도를 뜨거운 물에 넣어 마시면 감기에 좋다. 열을 내리고 경련을 줄이며 비대해진 간의 회복에 사용할 뿐만 아니라 신경안정제로도 쓰인다. 외부적으로는 타박상, 류머티즘, 머리부분 신경통에 사용한다. 인도에서는 샤프란을 의식에 사용하는데, 물에 녹기 쉬움에도 불구하고 화장미용제로 쓰거나 신성한 종교적 염료로 이용한다. 샤프란의 색소는 수용성이므로 직물의 염료로는 적당하지 않다.

Risotto al Funghi Porcini

Carnaroli with Porcini, Gorgonzola Cheese and Hot Vegetables

재료

수량	단위	품목
3	g	Porcini
30	g	Gorgonzola Cheese
10	g	Parmesan Cheese
1	g	Fresh Basil
30	g	White Wine
8	g	Onion Chop
2	g	Garlic Chop
15	g	Olive Oil

조리방법

1. Porcini를 찬물에 깨끗이 씻어 뜨거운 물에 불려 놓는다.
2. Pan에 Garlic Chop, Onion Chop을 Saute하다 불린 Porcini, Carnaroli를 넣어준다.
3. White Wine을 Deglacer한다.
4. Porcini Stock을 넣고 Al Dente로 익혀준다.
5. Gorgonzola Cheese, Parmesan Cheese, Butter, Extra Virgin을 넣고 완성한다.

그물버섯(Boletus Edulis)은 영어로는 'Cep', 이탈리아어로는 'Porcino'라고 하며, 잉글랜드에서는 'Penny Bun', 북아메리카에서는 'King Boletus'라는 별명으로 불린다. 'Cep'이라는 이름은 가스코뉴어에서 유래한 듯한데, 그물버섯이 들어가는 훌륭한 레시피—예를 들면, 마늘, 샬롯, 파슬리, 빵가루와 함께 볶은 '세프 아 라 보들레즈(Cèpes à la Bordelaise)'—가 프랑스 남서부에서 유래했으므로 적절한 명명으로 보인다.

Arancini di Lobster

Carnaroli with Lobster, Fresh Basil and Hot Vegetables

재료 

수량	단위	품목
200	g	Live Lobster
60	ml	Carnaroli
30	g	Bread Crumb
200	ml	Olive Oil
1	g	Garlic Chop
3	g	Butter
1	ml	Fresh Basil
3	g	Onion Chop
5	g	Tomato Concasse
0.1	g	Salt
0.1	g	Black Pepper
50	g	Daily Hot Vegetable

조리방법

1. Live Lobster를 손질하여 준비한다.
2. 모든 재료를 썰어서 준비한다.
3. Pan에 Garlic Chop, Onion Chop을 Saute하다 불린 Carnaroli를 넣어준다.
4. White Wine을 Deglacer한다.
5. Clam Stock을 첨가하면서 2/3 정도 익혀주고 Lobster를 넣어 익힌다.
6. Fresh Basil, Parmesan Cheese, Butter, Extra Virgin을 넣고 식혀준다.
7. 식힌 Risotto를 볼 형태로 만들어 빵가루를 입혀준다.
8. Olive Oil에 튀겨 완성한다.

쌀은 아랍인들에 의해 시칠리아에 소개된 이후 이탈리아 반도에 확산되어 가장 보편적인 식품재료가 되었지만, 정작 이곳의 음식에는 거의 활용되지 않았다. 얼마 전까지만 해도 쌀은 일반식품점이 아닌 약국에서 판매되었기에 약으로 간주되어 병자들의 식단에 오르는 것이 고작이었다. 쌀을 재료로 하는 유일한 요리는 불에 끓인 쌀에 치즈를 섞고 라구로 향을 낸 아란치니(Arancini) 밥요리로 후에 시칠리아 주민들의 전통적인 간식으로도 활용되었다.

아란치니(Arancini, Arancine)는 튀기거나 가끔은 구운 주먹밥과 비슷한 요리로 빵가루를 겉에 묻혀서 만든 요리로 시칠리아에서 10세기부터 시작한 것으로 파악되고 있다. 아란치니는 보통 고기 소스인 라구나 토마토 소스를 뿌리고 모짜렐라 치즈를 뿌린 뒤 완두콩을 얹어 함께 먹는다. 그 모양이나 속을 채우는 것은 지역에 따라 종류가 다양하다. 그 모양이나 색깔이 오렌지와 많이 닮아서 그 뜻도 사실은 이탈리아어 Arancia, Arancini, 즉 작은 오렌지를 의미한다. 시칠리아 일부에서는 대개 여성명사 복수형인 Arancine로 부른다.

시칠리아의 식당에서는 보통 Arancini con Ragù라는 이름으로 메뉴판에 올라 있어 토마토 소스, 쌀, 모짜렐라 치즈를 함께 조리해서 먹는다. 많은 카페에서는 버터로 조리한 Arancini con Burro(Butter)나 버섯을 쓰는 경우에는 Arancini con Funghi(Mushrooms), con Pistacchi(피스타치오), con Melanzane(가지) 등도 있다.

Margherita Pizza

Tomatoes, Fresh Mozzarella, Fresh Basil

재료

수량	단위	품목
15	g	Tomato Sauce
70	g	Fresh Mozzarella
1	g	Fresh Basil
180	g	Dough
20	g	Parmesan Cheese

조리방법

1. Pizza Dough를 밀어서 준비한다.
2. Tomato Sauce를 골고루 발라준다.
3. Topping(Fresh Mozzarella, Fresh Basil, Fresh Tomato)을 보기 좋게 올린다.
4. Oven의 상판은 280℃, 하판은 250℃에서 구워낸다.

도우(Dough: 피자반죽) 위에 토마토 · 바질 · 모짜렐라 치즈로 토핑하여 만드는 피자이다. 가장 기본적인 피자로 맛이 담백하다. 1889년에 사보이의 여왕 마르게리타(Margherita)가 움베르토 1세(Umberto I)와 함께 나폴리를 방문하였다. 당시 최고의 요리사였던 돈 라파엘 에스폰트는 여왕을 위해 바질 · 모짜렐라 치즈 · 토마토를 이용하여 초록색 · 흰색 · 빨간색의 이탈리아 국기를 상징하는 피자를 만들었다. 여왕은 매우 기뻐했고, 이 피자는 여왕의 이름을 따서 마르게리타 피자가 되었다. 마르게리타 피자는 마리나라 피자 · 엑스트라 마르게리타 피자와 함께 이탈리아 농무부가 지정한 나폴리의 3대 피자 가운데 하나로 재료와 만드는 방법이 정해져 있다. 정통 마르게리타 피자의 경우 치즈는 아펜니노산맥 남쪽 지역에서 생산되는 모짜렐라 치즈만 사용해야 하며, 크러스트 반죽은 손으로 해야 한다. 크러스트의 두께는 2cm가 넘으면 안 된다. 또 피자의 가운데 부분은 두께가 0.3cm 이하여야 한다. 토핑은 토마토 소스와 모짜렐라 치즈, 바질 잎만 사용해야 한다. 구울 때는 반드시 장작화덕에 구워야 하며, 전기화덕은 금지된다.

Gorgonzola Pizza

Bechmel Sauce, Onion, Fresh Mozzarella, Gorgonzola Cheese

재료

수량	단위	품목
3	g	Bechamel Sauce
3	g	Onion
70	g	Fresh Mozzarella
35	g	Gorgonzola Cheese
180	g	Dough

조리방법

1. Pizza Dough를 밀어서 준비한다.
2. Bechamel Sauce를 골고루 발라준다.
3. Topping(Fresh Mozzarella, Gorgonzola Cheese)을 보기 좋게 올린다.
4. Oven의 상판은 280℃, 하판은 250℃에서 구워낸다.

베샤멜은 사람 이름으로 알려져 있으며 100년 전부터 인기 있는 고전적인 소스이자 흰 소스의 대표이기도 하다. 프랑스를 제외한 모든 나라에서는 베샤멜 소스를 보통 '크림 소스'라고 부른다. 베샤멜 소스는 용도에 따라 묽은 것, 중간 것, 걸쭉한 것이 있는데 밀가루의 양에 따라 구분된다. 대개 중간 것이 버터 1에 밀가루 1/2을 기준으로 한다. 또한 생선, 육류, 채소류를 코팅하려면 농도가 조금 진한 것이 좋다.

초기에 고르곤졸라에서 생산되던 치즈는 스트라키노(Stracchino)라고 불렸다. 스트라키노(Stracchino)는 '지친(Tired)' 혹은 '부드러운(Soft)'이라는 중의적인 의미를 지닌 이탈리아어 '스트라카(Stracca)'에서 파생된 것으로, 철따라 목초지를 찾아 산에서 평지로 그리고 다시 평지에서 산으로 대이동을 하며 피로가 쌓인 소떼들의 상태와 그 젖으로 만든 치즈의 부드러운 식감에서 비롯된 이름인 것으로 추정된다.

푸른곰팡이가 핀 블루 치즈인 고르곤졸라 역시 초기에는 스트라키노 베르데(Stracchino Verde, '푸른색의 스트라키노 치즈'라는 뜻)라 불렸는데, 이의 탄생과 관련해서는 15세기경 이 마을에서 치즈를 생산하던 한 젊은 청년의 러브 스토리가 전해 내려오고 있다. 이 청년은 어느 날 사랑하는 여인을 만날 생각에 정신을 빼앗겨 치즈를 만들기 위해 우유를 응고시켜 놓은 커드(Curd)를 밤새 그대로 내버려두고 말았다. 청년은 자신의 실수가 들통날까 두려워 하루 저녁을 묵힌 이 커드(Curd)를 버리지 않고, 다음 날 아침 새로 만든 커드(Curd)를 그 위에 그대로 덮어 숙성시켰다. 그로부터 몇 주가 지나자 망친 줄만 알았던 치즈에는 푸른색 곰팡이가 피어났고, 예상과 다르게 맛도 훌륭했다.

이후 고르곤졸라는 롬바르디아와 피에몬테 지역의 파베제(Pavese), 노바레제(Novarese), 밀라노(Milano), 코마스코(Comasco) 등을 중심으로 서서히 확산되었고, 19세기에 이탈리아는 물론 영국, 프랑스, 독일 등 인근 유럽국가들로 수출되기 시작하였다. 고르곤졸라는 이탈리아에서 소젖으로 만든 치즈 중 해외 수출량이 가장 많은 치즈로, 오늘날 이탈리아에서 생산되는 고르곤졸라의 약 30%가 해외로 수출되고 있다. 주요 수출국은 프랑스와 독일로 전체 수출량의 약 50%를 차지하고 있으며, 이외에 유럽과 미주, 중동, 아시아 지역으로도 수출되고 있다. 1996년에는 그 품질과 전통성을 인정받아 EU로부터 원산지명칭보호(DOP)제품으로 인증을 받았다.

Funghi Pizza

Tomatoes, Fresh Mozzarella, Mixed Mushroom, Fresh Basil

재료 

수량	단위	품목
5	g	Tomato Sauce
70	g	Fresh Mozzarella
30	g	Fresh Tomato
1	g	Fresh Basil
180	g	Dough

조리방법

1. Pizza Dough를 밀어서 준비한다.
2. Funghi(Porcini, King Oyster Mushroom, Button Mushroom)를 손질하여 Slice한 후 Saute하여 준비한다.
3. Tomato Sauce를 골고루 발라준다.
4. Topping(Fresh Mozzarella, Funghi, Fresh Basil)을 보기 좋게 올린다.
5. Oven의 상판은 280℃, 하판은 250℃에서 구워낸다.

피자라는 말이 어디에서 유래되었는지는 확실하지 않으나, '납작하게 눌려진' 또는 '동그랗고 납작한 빵'을 의미하는 그리스어(語) 피타(Pitta)에서 유래되었다는 설과, 'a Point'라는 영어 단어에서 유래되었다는 설이 있다.

피자의 유래에 대한 설은 매우 다양하지만, 일반적으로 그리스 · 로마시대에 이스트 없이 기름과 식초로만 반죽해 구운 납작한 빵인 마레툼(Maretum)에서 유래했다고 보는 견해가 많다. 당시에는 마레툼에 마늘과 양파를 곁들여 먹기도 하였는데, 18세기에 이탈리아로 건너오면서 토마토를 첨가해 시아치아타(Schiacciata)라는 이름이 되었다. 피사의 사탑으로 유명한 이탈리아 토스에트루리아인과 그리스문화에서 유래되었다는 주장도 있다.

이탈리아에서는 18세기 말부터 모짜렐라 치즈, 안초비, 마늘, 기름이 사용되기 시작하여 오늘날의 피자 형태가 나타났으며, 19세기에는 라드 · 돼지고기 · 토마토 · 치즈의 사용이 일반화되었다. 1830년에는 캄파니아주 나폴리에서 피체리아(Pizzeria)라는 이름으로 상품화되었는데, 베수비오산의 화산암 요(窯)를 이용하여 만든 나폴리 피자는 이탈리아 전 지역에 퍼지게 되었다. 움베르토 1세의 왕비인 마르게리타가 피자에 관심을 보이자 1889년 6월 나폴리의 유명한 피자점 주인 돈 라파엘 에스폰트가 토마토 소스, 바질, 모짜렐라 치즈로 이탈리아 국기를 상징한 유명한 '피자 마르게리타'를 만들었다.

이후 19세기 후반에 이탈리아가 근대화를 추진하면서 빈곤이 격화되자 미국으로 이민 간 사람들이 많았는데, 그중 일부는 당시 1차 세계대전 중 빵가게들이 불황을 겪게 되자 피자를 만들어 팔기 시작했으며, 빵에 토마토 퓨레, 오레가노(향신료), 치즈가루를 얹은 피자를 상품화하게 되었다. 1905년 조반니 롬바르디가 뉴욕에 처음으로 피자점을 열었고 1920년대부터 이탈리아 이민자가 많은 미국 북부를 중심으로 피자점을 개점하였다.

Calzone

Spinach, Olive, Mushroom, Fresh Mozzarella with Tomato Sauce

재료

수량	단위	품목
30	g	Spinach
15	g	Olive
30	g	Mushroom
70	g	Fresh Mozzarella Gorgonzola Cheese
20	g	Tomato Sauce
180	g	Dough

조리방법

1. Pizza Dough를 밀어서 준비한다.
2. 모든 재료를 손질하여 준비한다.
3. Dough에 Tomato Sauce를 절반만 발라준다.
4. 속재료를 Tomato Sauce 위에 Topping한다.
5. Dough를 절반으로 접어 가장자리를 손으로 물결무늬 모양으로 접어준다.
6. Oven의 상판은 280℃, 하판은 250℃에서 구워낸다.

밀가루 반죽 사이에 여러 가지 재료와 치즈를 넣고 반달모양으로 만들어 오븐에서 구운 요리이다. 이탈리아 전통요리로 피자의 일종이다. 속재료로는 쇠고기 · 닭고기 등의 육류와 조개 · 오징어 등의 해산물, 시금치 · 고구마 · 브로콜리 · 양파 등의 다양한 채소 및 재료와 어울리는 각종 치즈, 소시지 등 만드는 사람에 따라 여러 가지로 응용이 가능하다.

기본적인 재료로 모짜렐라 치즈 · 피자 소스가 필요하다. 피자 반죽에는 밀가루 · 물 · 설탕 · 이스트 · 소금 · 올리브유를 준비한다. 먼저 밀가루에 발효시킨 이스트를 넣고, 물 · 설탕 · 이스트 · 소금 · 올리브유를 섞어 반죽을 한다. 30분 정도 따뜻한 곳에서 숙성시킨다. 토마토를 으깨어 오레가노 · 소금 · 후춧가루 · 올리브유와 잘 섞어 피자 소스를 만든다. 피자 도우를 둥근 모양으로 넓게 펴서 피자 소스를 고루 바른 후 모짜렐라 치즈를 뿌린다. 기호에 따라 다양한 재료를 준비하여 넣은 후 반달모양으로 접는다. 250℃ 정도의 오븐에서 7~8분 정도 구워낸다.

Quattro Formaggio

Fresh Mozzarella, Gorgonzola, Gruyere, Parmesan Cheese

재료 

수량	단위	품목
60	g	Fresh Mozzarella
20	g	Gorgonzola Cheese
20	g	Gruyere Cheese
20	g	Parmesan Cheese
180	g	Dough

조리방법

1. Pizza Dough를 밀어서 준비한다.
2. Dough에 Bechamel Sauce를 발라준다.
3. Bechamel Sauce 위에 4가지 Cheese를 Topping한다.
4. Oven의 상판은 280℃, 하판은 250℃에서 구워낸다.

Spinach and Mushroom Pizza

Tomato Sauce with Spinach, Mushroom, Fresh Mozzarella

재료

수량	단위	품목
100	g	Spinach
15	g	Olive
30	g	Mushroom
70	g	Fresh Mozzarella
20	g	Tomato Sauce
180	g	Dough

조리방법

1. Pizza Dough를 밀어서 준비한다.
2. Tomato Sauce를 골고루 발라준다.
3. Topping(Fresh Spinach, Fresh Basil, Olive, Mushroom)을 보기 좋게 올린다.
4. Oven의 상판은 280℃, 하판은 250℃에서 구워낸다.
5. 구워낸 Pizza 위에 Fresh Spinach와 Parmesan Cheese를 뿌려 완성한다.

시금치는 페르시아 지역이 원산지이며 당나라 때 중국에 전해져서 현재는 전 세계적으로 널리 재배되고 있다. 사계절을 통해 재배되는 채소로 서늘한 기후를 좋아하며 비가 많으면 병해가 심하다.

효능 : 변비 예방, 빈혈 예방(시금치는 풍부한 섬유질을 함유하고 있어 변비에 좋고, Fe, 엽산은 빈혈을 예방한다.)

니아신	나트륨	단백질	당질	레티놀	베타카로틴
0.50mg	54.00mg	3.10g	5.20g	0.00㎍	3,640.00㎍
비타민 A	비타민 B_1	비타민 B_2	비타민 B_6	비타민 C	비타민 E
607.00㎍RE	10.12mg	20.34mg	60.24mg	60.00mg	3.10mg
식이섬유	아연	엽산	인	지질	철분
2.20g	0.50mg	145.80㎍	29.00mg	0.50g	2.60mg
칼륨	칼슘	콜레스테롤	회분		
502.00mg	40.00mg	0.00mg	1.00g		

영양성분 : 100g 기준

Capricciosa

Tomato Sauce with Artichoke, Egg, Prosciutto, Fresh Mozzarella

재료 

수량	단위	품목
750	g	Pizza Dough
150	ml	Pizza Sauce
150	g	Fresh Mushroom Slice
150	g	Tomato Concasse
100	g	Parma Ham
100	g	Artichoke
150	g	Red, Green Pimento Slice
100	g	Black, Stuffed Olive Slice
500	g	Mozzarella Cheese
50	ml	Olive Oil
10	g	Black Pepper
5	g	Oregano Dry
5	g	Basil Dry
25	g	Garlic Chop
1	ea	Egg

조리방법

1. Pizza Dough를 밀어서 준비한다.
2. 모든 재료를 손질하여 준비한다.
3. Dough에 Tomato Sauce를 발라준다.
4. 속재료를 Tomato Sauce 위에 Topping한다.
5. Topping한 Dough 위에 달걀을 올려준다.
6. Oven의 상판은 280℃, 하판은 250℃에서 구워낸다.

Sea Bass

Pan Roast Sea Bass with Sweet Herbs Paprika Sauce

재료

수량	단위	품목
140	g	Sea Bass Filet (1ea 140g)
50	ml	Olive Oil
100	g	Pimento
100	ml	White Wine
10	g	Fresh Basil
50	g	Salt(Natural)
50	g	Lemon Butter Sauce
500	g	Daily Hot Vegetable
3	g	Chive

조리방법

1. Sea Bass의 비늘을 제거하고 3장 포 뜨기를 한다.
2. Filet(140g)를 해서 1일 정도 냉장에서 숙성시킨다.
3. Tomato는 Wedge로 썰어 반건조 토마토를 만든다.
4. Brown Butter에 Sea Bass Filet를 넣어 약한 불에 천천히 구워준다.
5. Hot Vegetable은 Pan에 Sauteing한다.
6. Plate에 Plating한 후 Chive Chop을 뿌려준다.

농어는 중국의 노어(鮮魚)라는 한자말에서 온 이름으로 보이며 붕어나 잉어의 이름과 유사한 특징을 보인다. 중국에는 농어에 관한 고사가 많은데 그중에서도 송강농어에 관한 이야기가 유명하다. 옛날 진나라 때 장한이라는 사람이 뤄양에서 높은 벼슬을 하고 있었다. 뤄양에서 속세의 괴로움에 번민하던 그는 어느 여름날 문득 고향 송강의 농어 맛을 그리워하여 관직을 버리고 고향인 송강으로 돌아갔다. 이 일화로부터 농어를 송강농어로 부르게 되었고 송강의 농어가 유명해진 것이라 전해지고 있다. 중국에서 유명한 송강농어는 크기가 다소 작을 뿐 아니라 우리나라 농어와 그 종류가 다른데, 중국에서는 일명 사새어(四鰓魚), 우리나라에서는 송강농어라고 부른다. 이외에도 몸통에 검은 반점이 있는 것을 옥화로(玉花鮮), 담수산 농어를 강로(江鮮), 해산 농어를 해로(海鮮), 맛이 좋은 농어를 취로(脆鮮)라 부르고 만주 등지에서는 노자어(魯子魚)라 부르는 등 많은 이름이 있다. 또 하나 재미있는 것은 농어가 길조(吉兆)로 알려져 있다는 사실이다. 주나라 무왕이 천하를 통일하기 전 바다를 건널 때 농어가 배 위로 뛰어올랐다는 고사 외에도 이 행운의 물고기에 대한 옛 이야기가 많아 낚시꾼들은 걸려오는 농어와 함께 그날의 행운을 빌기도 했다.

니아신	나트륨	단백질	당질	레티놀	베타카로틴
6.00mg	97.00mg	20.30g	0.10g	197.00㎍	0.00㎍
비타민 A	비타민 B_1	비타민 B_2	비타민 B_6	비타민 C	비타민 E
197.00㎍RE	10.17mg	20.15mg	60.40mg	0.00mg	1.20mg
식이섬유	아연	엽산	인	지질	철분
0.00g	0.40mg	5.00㎍	231.00mg	5.10g	1.50mg
칼륨	칼슘	콜레스테롤	회분		
272.00mg	28.00mg	54.00mg	1.20g		

영양성분 : 100g 기준

Red Snapper

Herb's Toast, Red Snapper with Orange Sauce

재료

수량	단위	품목
140	g	Red Snapper (1ea 140g)
250	ml	Tomato Sauce
100	ml	Butter Sauce
25	g	Pimento Puree
75	g	Olive
10	g	Caper
50	g	Pesto
50	ml	Olive Oil
5	g	Fresh Basil
150	ml	White Wine
500	g	Daily Hot Vegetable
50	g	Tomato Concasse

조리방법

1. Red Snapper의 비늘을 제거하고 3장 포 뜨기를 한다.
2. Filet(140g)하여 1일 정도 냉장에서 숙성시킨다.
3. Brown Butter에 Sea Bass Filet를 약한 불에 천천히 구워준다.
4. Hot Vegetable을 Sauteing하다 Pimento Puree, Butter Sauce를 첨가한다.
5. Plate에 Plating한 후 Chive Chop을 뿌려준다.

참돔이라는 이름은 여러 돔 중에서 으뜸이라는 뜻인데 도미라는 방언으로 더 많이 통용된다. 『자산어보』에서는 참돔을 강항어(强項魚), 『전어지』에서는 독미어(禿尾魚), 『경상도 지리지』에서는 도음어(都音魚)나 도미어(道味魚 혹은 道尾魚)로 기록하고 있다. 지방에 따른 방언도 다양하여 서울에서는 되미나 도미, 강원도에서는 큰 것을 돗되미, 전남 거문도에서는 어린 참돔과 붉돔을 합쳐 상살이라고도 한다. 일본에서도 참돔과 같은 의미인 마다이(眞牰)라 부르며, 옛날에는 참돔의 붉은 몸색깔로 인해 적녀(赤女), 체형이 평평하다 하여 평어(平魚), 붕어와 모양이 비슷하다 하여 바다의 붕어라는 뜻으로 해즉(海猣)이라고도 하였다. 러시아에서도 바다의 붕어라는 의미로 이름을 붙였으며, 중국 남부지방에서는 입어(立魚), 중부지방에서는 동분어(銅盆魚), 북부지방에서는 가길어(加吉魚)라 부른다.

Salmon

Sous Vide Salmon with Caponata and Tomato, Beet Sauce

재료

수량	단위	품목
170	g	Salmon
20	ml	Tomato Butter Sauce
10	g	Beet Sauce
10	g	Eggplant
50	g	Olive Oil
5	ml	White Wine
50	g	Kalamata Olive

조리방법

1. Salmon의 비늘을 제거하고 3장 포 뜨기를 한다.
2. Filet(140g)를 Brown Butter에 껍질 쪽부터 약한 불에 천천히 구워준다.
3. Hot Vegetable을 Sauteing한다.
4. Tomato, Beet Sauce를 만들어준다.
5. Plate에 Plating한 후 Black Olive Chop을 뿌려준다.

Cod Fish

Loin of Cod Fish with Black Olives and Grain Mustard, Yuzu Oil Sauce

재료

수량	단위	품목
130	g	Cod Fish
50	g	Yuzu Butter Sauce
100	g	Hot Vegetable
5	g	Salt
5	g	Pepper

조리방법

1. Cod Fish의 비늘을 제거하고 3장 포 뜨기를 한다.
2. Filet(140g)를 해서 1일 정도 냉장에서 숙성시킨다.
3. Brown Butter에 Cod Fish Filet를 껍질 쪽부터 천천히 구워준다.
4. Hot Vegetable을 Sauteing하다 Yuzu Butter Sauce를 첨가한다.
5. Plate에 Plating한 후 Chive Chop을 뿌려준다.

Live Lobster

Baked Live Lobster with Truffle Foam with Lobster Sauce

재료

수량	단위	품목
400	g	Live Lobster
30	ml	Bisque Sauce
2	g	Olive
5	g	Red Pimento
5	g	Green Pimento
3	g	Caper
2	g	Garlic Chop
10	ml	White Wine
1	g	Fresh Basil
0.1	g	Salt
0.1	g	White Pepper
100	g	Daily Hot Vegetable
20	g	Butter
10	ml	Brandy

조리방법

1. Live Lobster를 끓는 물에 살짝 데쳐 얼음물에 식혀준다.
2. Lobster를 1/2로 잘라 버터를 바른 후 오븐(280℃)에 Baking한다.
3. Hot Vegetable을 준비한다.
4. Baking Lobster와 Bisque Sauce를 준비된 Hot Vegetable과 함께 담아낸다.

Lobster는 단단하고 체절로 된 외골격을 갖고 있으며 5쌍의 다리와 2쌍의 긴 촉각이 있다. 양 집게다리는 길이가 몸길이와 비슷하다. 꼬리는 물갈퀴모양으로 뒤쪽에 지느러미처럼 펼쳐진다. 몸빛깔은 보통 점무늬가 있는 짙은 초록색이거나 짙은 파란색인데, 불에 익히면 선명한 붉은색이 된다. 미국 바닷가재라고 불리는 가시발새우과의 종(Homarus Americanus)은 길이가 30~60cm, 무게가 0.5~1kg에 이르고 유럽산은 대체로 이보다 작다. 몸통은 19마디인데, 머리가 5마디이고 가슴이 8마디, 배가 6마디이다. 가슴갑각 아래에 있는 아가미로 호흡한다.

콜레스테롤과 지방함량이 적고 비타민과 미네랄을 공급해 준다.

• Lobster Thermidor

1890년 파리에 도데와콘구르라는 형제가 주방에서 일하고 있었다. 이 식당은 자연주의 작가들이 잘 모이는 곳이었는데, 하루는 주인이 바닷가재요리를 가져와 요리이름을 지어달라고 했다. 그 당시 극장에서 혁명정부 해체 쿠데타를 그린 텔리도르라는 연극을 하고 있었는데 작가는 늙은 바닷가재 껍질과 겨자와 소스를 곁들여 화려하게 색을 냈으니 요리이름으로 Lobster Thermidor가 좋겠다고 했다. 지금은 식당이 없어졌지만 세계 여러 식당에서는 이 메뉴가 꼭 등장한다.

Beef Tenderloin

Grilled Filet Mignon with Truffle Butter, Marsala Sauce

재료

수량	단위	품목
150	g	Beef Tenderloin (1ea 150g)
50	ml	Demi-glace
50	ml	Pesto Sauce
50	ml	Marsala Wine
3	g	Fresh Basil
1	g	Salt
1	g	Black Pepper
100	g	Daily Hot Vegetable

조리방법

1. Beef Tenderloin에 Olive Oil을 먼저 바른 후 Salt/Pepper를 뿌린다.
2. Grill에 Tenderloin을 격자모양으로 Grilling한다.
3. Marsala Wine을 조려 Demi-glace와 섞어 Sauce를 준비한다.
4. Hot Vegetable을 준비한다.
5. 모든 재료를 Plate에 Presentation한다.

Rib Eye Steak

Grilled Rib Eye Steak with Truffle Butter, Mushroom Sauce

재료

수량	단위	품목
180	g	Rib Eye Steak
20	g	Fresh Mushroom
50	ml	Demi-glace
2	ml	Port Wine
30	ml	Red Wine
2	g	Butter
0.1	g	Salt
0.1	g	Black Pepper
100	g	Daily Hot Vegetable

조리방법

1. Rib Eye Steak에 Olive Oil을 먼저 바른 후 Salt/Pepper를 뿌려 간을 한다.
2. Grill에 Rib Eye Steak를 격자모양으로 Grilling한다.
3. Red Wine, Port Wine을 조려 Demi-glace와 섞어 Sauce를 준비한다.
4. Hot Vegetable을 준비한다.
5. 모든 재료를 Plate에 Presentation한다.

Lamb Chop

Grilled Herb Marinated Lamb Chop with Rosemary Mint Sauce

재료

수량	단위	품목
200	g	A.S Lamb Chop (1ea 200g)
50	ml	Beef Jus
10	ml	Pesto Sauce
1	g	All Spice Mixed
10	ml	Olive Oil
5	g	Garlic Chop
2	g	Butter
30	ml	Port Wine
3	g	Onion Chop
5	g	Mint Jelly Sauce
0.1	g	Salt
0.1	g	Black Pepper
100	g	Daily Hot Vegetable
0.5	ml	Tabasco Sauce
2	ml	Worcestershire Sauce

조리방법

1. Lamb Chop을 Herb로 Marinade(Olive Oil, Rosemary, Thyme)한다.
2. Grill에 Rib Eye Steak를 격자모양으로 Grilling한다.
3. Red Wine, Port Wine을 조려 Demi-glace와 섞어 Mint Jelly Sauce를 준비한다.
4. Hot Vegetable을 준비한다.
5. 모든 재료를 Plate에 Presentation한다.

Beef Filet Mignon Steak & Live Lobster

Grilled Filet Mignon with Mushroom Sauce & Baked Live Lobster with Seasonal Vegetables Truffle Foam, Lobster Sauce

재료 

수량	단위	품목
150	g	Beef Tenderloin (1ea 150g)
50	ml	Demi-glace
300	g	Live Lobster
15	ml	Lemon Butter Sauce
1	g	Olive
3	g	Red Pimento
3	g	Green Pimento
2	g	Caper
2	g	Garlic Chop
10	ml	White Wine
1	g	Fresh Basil
0.1	g	Salt
0.1	g	White Pepper
100	g	Daily Hot Vegetable
20	g	Butter
10	ml	Brandy

조리방법

1. Live Lobster를 끓는 물에 살짝 데쳐 얼음물에 식혀준다.
2. Lobster를 1/2로 잘라 버터를 바른 후 오븐(280℃)에 Baking한다.
3. Beef Tenderloin에 Olive Oil을 먼저 바른 후 Salt/Pepper를 뿌린다.
4. Grill에 Tenderloin을 격자모양으로 Grilling한다.
5. Marsala Wine을 조려 Demi-glace와 섞어 Sauce를 준비한다.
6. Hot Vegetable을 준비한다.
7. Baking Lobster에 Bisque Sauce를, Beef Tenderloin에 Marsala Sauce를 뿌려 Hot Vegetable과 함께 담아 낸다.

Beef Filet Mignon Steak & Roast Abalone

Grilled Filet Mignon with Truffle Butter, Madeira Sauce & Roast Abalone with Truffle Foam, Yuzu Sauce

재료 

수량	단위	품목
90	g	Tenderloin Steak
60	g	Abalone(껍질, 내장 제거)
30	g	Beef Jus
30	g	Truffle Air
20	g	Fresh Mushroom
30	g	Yuzu Butter Sauce
10	g	Brown Butter
100	g	Hot Vegetable
0.1	g	Salt
0.1	g	Pepper

Yuzu Butter Sauce

수량	단위	품목
20	g	Yuzu Juice
20	g	Fresh Cream
30	g	Butter
20	g	Onion
1	stem	Thyme

조리방법

1. Beef Filet Mignon Steak를 준비한다.
2. Abalone의 껍질과 내장, 입을 제거한다.
3. Court-Bouillon에 Abalone을 2시간 정도 삶아서 준비한다.
4. 준비된 Abalone을 Brown Butter에 천천히 Cooking한다.
5. Yuzu Butter Sauce를 준비한다.
6. 모든 재료를 Plate에 Presentation한다.

Roast Abalone & Live Lobster

Roast Abalone with Truffle Foam, Yuzu Sauce & Baked Live Lobster with Seasonal Vegetables, Lobster Sauce

재료 

수량	단위	품목
60	g	Abalone(껍질, 내장 제거)
30	ml	Yuzu Butter Sauce
300	g	Live Lobster
15	ml	Lemon Butter Sauce
1	g	Olive
3	g	Red Pimento
3	g	Truffle Air
2	g	Caper
2	g	Garlic Chop
10	ml	White Wine
1	g	Fresh Basil
0.1	g	Salt
0.1	g	White Pepper
100	g	Daily Hot Vegetable
20	g	Butter
10	ml	Brandy

조리방법

1. Abalone의 껍질과 내장, 입을 제거한다.
2. Court-Bouillon에 Abalone을 2시간 정도 삶아서 준비한다.
3. Live Lobster를 끓는 물에 살짝 데쳐 얼음물에 식혀준다.
4. Lobster를 1/2로 잘라 버터를 바른 후 오븐(280℃)에 Baking한다.
5. 준비된 Abalone을 Brown Butter에 천천히 Cooking 한다
6. Hot Vegetable을 준비한다.
7. Abalone에는 Yuzu Butter Sauce를, Baking Lobster에는 Bisque Sauce를 뿌려 Hot Vegetable과 함께 담아낸다.

Duck Breast

Sous Vide Duck Breast with Couscous, Beet Compote, Orange Sauce

재료 

수량	단위	품목
150	g	Duck Breast
30	ml	Duck Jus
10	ml	Cointreau Liqueur
3	g	Orange Zest
2	ml	Vinegar
0.1	g	Salt
0.1	g	Pepper
100	g	Daily Hot Vegetable

Orange Beurre Blanc Sauce

수량	단위	품목
200	g	Butter
50	ml	Orange Juice
20	g	Onion
30	ml	Fresh Cream
5	g	Orange Zest
10	ml	Cointreau Liqueur

조리방법

1. Duck Breast의 힘줄을 제거한다.
2. Brown Butter에 껍질 쪽부터 Slow Cooking한다.
3. Orange Beurre Blanc Sauce를 만든다.
4. 모든 재료를 Plate에 Presentation한다.
   ※ Duck Breast 껍질은 Crispy해야 한다.

Osso Buco

Osso Buco al Pomodoro
Braised Veal Shank with Saffron Risotto, Au Jus

재료 

수량	단위	품목
200	g	Osso Buco
10	g	Celery
150	ml	Tomato Sauce
20	g	All Spice Mixed
20	ml	Olive Oil
20	g	Garlic Chop
20	g	Butter
30	g	Port Wine
20	g	Onion Chop
5	g	Carrot
3	g	Salt
2	g	Black Pepper

조리방법

1. 송아지 정강이를 Salt, Pepper로 간하여 밀가루를 입힌 뒤 Brown Butter에 색을 낸다.
2. 채소를 Chop하여 소프리토(Soffritto)를 만든 뒤 토마토 소스를 넣어준다.
3. 준비된 소프리토(Soffritto)에 송아지 정강이를 넣고 Wine을 넣어 알코올을 날려준다.
4. 약한 불에 뚜껑을 덮어 아로스토 모르토(Arrosto Morto)를 한다.
5. Risotto alla Milanese와 함께 제공한다.

※ Soffritto : 채소를 버터나 올리브유에 볶아 요리에 맛과 향을 더해주기 위한 기초 조리과정으로 프랑스 요리의 미르포아(Mirepoix)와 유사하다.

※ Arrosto Morto : 데드 로스팅(Dead Roating) 혹은 스토브 탑 브레이징(Stove–Top Braising)이라고 한다.

오소부코의 오소(Osso)는 '뼈'를, 부코(Buco)는 '속이 빈(Hollow)'을 의미한다. 따라서 오소부코(Osso Buco)는 '속이 빈 뼈(Hollow–Bone)'로 해석된다. 오소부코에 사용되는 송아지 뒷다리 정강이 부위를 자르면 뼈 가운데로 '골수(Bone Marrow)'가 지나는 통로를 볼 수 있는데, 오소부코란 바로 이 부분을 표현한 말이다.

오소부코는 롬바르디아주 밀라노 지역의 방언으로 '오스부스(Oss Bus)'라 불리며, Osobuco, Ossobucco 등으로 철자가 잘못 표기되는 경우도 있다.

오소부코는 이탈리아 북부 롬바르디아주 밀라노 지역에서 유래된 것으로 전해지나 언제부터 먹기 시작했는지는 정확하지 않다. 오소부코의 주재료인 송아지 뒷다리 정강이와 골수(Bone Marrow)가 이탈리아 중세시대(476~1492년) 요리에서 흔히 사용된 것으로 알려져 있지만 오늘날의 오소부코와 같은 레시피가 있었는지에 대해서는 정확히 밝혀진 바가 없다.

오소부코가 19세기 이후에 탄생한 요리라는 주장도 일부 존재한다. 그러나 1891년 이탈리아의 대표 요리를 집대성한 펠레그리노 아르투시(Pellegrino Artusi)의 『주방에서의 과학과 잘 먹는 것의 예술(La Scienza in Cucina e L'arte di Mangiare Bene)』에 오소부코 알라 밀라네제(Ossobuco alla Milanese)의 레시피가 소개되어 있는 것으로 보아 오소부코는 19세기 이후가 아닌, 적어도 1891년 이전에 생겨난 요리임을 알 수 있다.

Tiramisu

Italian Cheese Cake Tiramisu, Fresh Fruit

재료

수량	단위	품목
250	g	Mascarpone Cheese
120	g	Fresh Cream
20	g	Sugar
20	g	Espresso Coffee
2	ea	Egg
10	g	Cocoa Powder
8	ea	Savoiardi o Paveri

조리방법

1. 달걀의 흰자와 노른자를 분리해 설탕을 1/3씩 나눠 넣고 머랭을 쳐준다.
2. 마스카르포네 치즈를 부드럽게 하고 노른자와 섞어준다.
3. 생크림에 나머지 설탕을 넣고 휘핑크림을 만든다.
4. 모든 재료를 부드럽게 섞어준다.
5. Savoiardi에 차게 식힌 에스프레소 커피를 바른 후 토핑한다.
6. 냉장고에서 3시간 정도 굳히고 Cocoa Powder를 뿌려 완성한다.

티라미수(Tiramisu)는 이탈리아어로 '밀다, 잡아당기다'를 뜻하는 '티라레(Tirare)'에다 '나(Me)'를 뜻하는 '미(Mi)', '위'를 나타내는 '수(Su)'가 합쳐진 말이다. 말 그대로는 '나를 들어올리다'라는 뜻이며 속뜻으로는 '기운이 나게 하다' 혹은 '기분이 좋아지다' 등의 의미가 있다. 티라미수라는 이름은 티라미수에 들어가는 재료의 특성상 맛과 영양 면에서 기대할 수 있는 효과를 적절하게 표현하고 있다. 티라미수에는 카페인 성분을 함유한 커피와 카카오뿐만 아니라, 마스카르포네 치즈, 달걀노른자, 설탕 등이 들어가고, 이들은 먹는 사람의 기분과 영양을 동시에 고조시키는 효과가 있다. 때로는 '끌어올리다(Pick-me-up in the Sense of Re-energize, Regain Strength, or Wake-up)'는 뜻과 관련하여 성적 흥분(Aphrodisiac Properties)과 연관된 표현으로 사용되기도 한다. 이탈리아 베네토 지역의 방언으로는 '티라메수(Tiramesu)'라고 한다.

티라미수는 이탈리아를 대표하는 디저트이다. 커피, 카카오, 마스카르포네 치즈, 달걀노른자, 설탕 등의 재료로 만들어, '기운이 나게 하다' 혹은 '기분이 좋아지다'라는 속뜻처럼 열량과 영양이 높고 정신이 번쩍 날 만큼 기분 좋은 맛으로 잘 알려져 있다. 티라미수의 유래와 기원은 정확하지 않지만 1970년대에 캄페올(Campeol) 부부가 베네토주 트레비소(Treviso)에서 운영한 레스토랑 '레 베케리(Le Beccherie)'에서 개발되었다는 설이 유력하다.

Hallabong Semiliquid

Fresh Hallabong with Hallabong Juice and Lemon Foam

재료

수량	단위	품목
30	g	Flesh Hallabong
50	g	Hallabong Juice
10	g	Hallabong Caviar
10	g	Sugar
3	g	Agar
2	g	Dry Spaghetti

Hallabong Caviar

수량	단위	품목
250	g	Hallabong Juice
2	g	Algin
6.5	g	Calcic
1000	ml	Aqua

조리방법

1. Hallabong Juice 1/3에 Agar를 넣고 녹여준다.
2. 나머지 Hallabong Juice에 Sugar를 넣고 1을 섞어준다.
3. Dry Spaghetti를 Oil에 튀겨서 준비한다.
4. Hallabong Juice에 Caviar를 넣고 담아낸다.

Sabayon

Exotic Fruit with Sabayon Cream and Cinnamon Powder

재료

수량	단위	품목
2	ea	Egg Yolks
15	g	Sugar
20	ml	Marsala Wine
30	g	Vanilla Ice Cream
10	g	Fresh Fruits
0.1	g	Cinnamon Powder
1	leaf	Apple Mint

조리방법

1. 중탕으로 올린 큰 그릇(Bowl)에 노른자와 설탕을 넣고 거품기로 빠르게 섞어 크림농도가 되게 한다.
2. Marsala Wine을 첨가한다.
3. Vanilla Ice Cream과 Fresh Fruits를 접시에 담고 그 위를 Sabayon Sauce로 덮어준다.
4. Cinnamon Powder를 뿌려주고 Apple Mint로 장식하여 완성한다.

달콤한 달걀 소스의 맛에 진하고 크리미한 테크닉이 포함되었다. 겨울 푸딩과 함께 제공되는 전형적인 달걀을 사용하는 커스터드로부터, 단독으로 서브되거나 황금빛 과일의 화려한 소스인 가볍고 솜털 같은 사바용(Sabayon), 또한 뜨겁거나 차갑게 서브될 수 있는 전통적인 구운 커스터드가 있다.

마르살라란 풍요와 만족을 표현하는 말로, 이탈리아 시실리섬에서 생산되는 와인에서 유래됐다.

이탈리아 시칠리아의 마르살라에서 제조되는 플로리오 테레 아르세 마르살라(Florio Terre Arse Marsala) 와인이 그 주인공이다.

마르살라 와인의 유래는 이렇다. 1773년 영국 기업가 존 우드하우스가 예기치 않은 폭우를 만나 이탈리아 마르살라에 정박하게 된다. 그는 이때 페르페툼이라는 토종 와인을 만나 그 맛에 반하게 된다. 그는 즉각 이 와인을 영국으로 가져왔고, 마르살라 와인은 당도가 뛰어난 포도로 만들어진다. 이 가운데 '플로리오 테레 아르세 마르살라'는 알코올만 첨가한 완벽한 드라이 와인으로 죽기 전에 꼭 마셔봐야 할 와인으로 꼽힌다.

Gelato alla Rhubarb with Chocolate

재료

수량	단위	품목
30	g	Rhubarb Gelato
30	ml	Chocolate
30	g	Chocolate Mousse
15	g	Chocolate Sauce
1	ea	Chocolate Stick
1	g	Pomegranate
2	g	Crouton

조리방법

1. Chocolate을 녹여 모양을 잡은 후 냉장고에서 굳혀준다.
2. Chocolate에 Chocolate Mousse를 넣어 균형을 맞춘다.
3. Plate에 Chocolate Sauce로 선을 긋고 그 위에 Chocolate Mousse와 Rhubarb Gelato를 놓는다.
4. Chocolate Stick, Pomegranate, Crouton으로 Presentation한다.

인류는 고대부터 눈과 얼음으로 차게 식힌 음료수와 디저트를 먹었으며, 인도의 고깔모양 쿨피(Kulfi)부터 터키의 살렙 돈두르마(Salep Dondurma)에 이르기까지 세계 어느 지역이나 고유한 아이스 디저트의 역사를 지니고 있다. 그러나 최초로 젤라토가 만들어진 곳은 16세기 이탈리아일 것이다.

1595년에 피렌체에서 열린 연회의 기록에 메디치 대공의 궁정에서 환상적인 소르베티와 젤라티를 먹었다는 회고가 남아 있다. 이탈리아의 젤라토 장인들이 해외로 이주하면서 그들의 레시피는 유럽을 넘어 전 세계로 빠르게 퍼져나갔다. 젤라토(이탈리아어로 '얼린'이라는 뜻)는 전유(全乳), 설탕, 그 밖의 향미료—주로 과일, 초콜릿, 견과류—를 써서 손으로 만든다. 질이 좋은 신선한 재료를 사용하며, 얼리는 과정에서 서서히 공기를 주입하기 때문에 서서히 녹아내리는 짙으면서도 부드러운 질감에 뚜렷한 맛과 빛깔을 얻게 된다.

젤라토는 미국에서 생산하는 아이스크림보다 공기 함유량(그리고 유지방 함량도)이 낮아서 밀도가 더 높고 향미가 보다 강렬하다. 보통 분유로 만드는 공장 생산 아이스크림은 진짜 젤라토와는 완전히 다른 맛이다.

롯데호델 직무교재, 1995.

鄭靑松, 이탈리아 정통요리, 1994.

윤수선 외, 가르드망제, 2015.

한춘섭 외, Autentico Italiana Cucina, 2013.

Irma S. Rombauer, Joy of Cooking, 1997.

Apicius International School of Hospitality Recipe, Italy: Firence.

Tavola Corsi di Cucina Recipe, Italy: Firence.

CAMPIONATI
CUCINA
CAMPIONATI
della
CUCINA

▦ 저자 소개

권 오 철

현. 경주대학교 외식조리학부 교수
전. 동원과학기술대학교 호텔외식조리과 겸임교수
전. 대명리조트 거제 조리팀 근무
전. 부산롯데호텔 조리팀 근무

Italy, FUA, Apicius International School of Hospitality 연수
Italy, In Tavola Corsi di Cucina 연수
일본, 츠지조리사전문학교 연수
2015년 미국 시애틀 영사관 주최 글로벌한식행사 참여

보건복지부 장관상 수상
식품의약품안전처장 표창장

정 영 미

현. 경주대학교 외식조리학부 교수
전. 부산여자대학교 호텔조리과 조교수
전. 동의대학교 호텔경영학과 외 다수 겸임교수
전. 부산롯데호텔 조리팀 근무

미국 콜로라도 연수 및 컨설팅
스위스 HTMI 연수
이탈리아 Tavola 연수

2015년 미국 시애틀 영사관 주최 글로벌한식행사 참여
2016년 오스트리아 한국대사관 주최 글로벌한식행사 부총괄
2017년 크로아티아 한국대사관 주최 글로벌한식행사 총괄

저자와의
합의하에
인지첩부
생략

Nuova Italiana Cucina
최신 이탈리아 요리

2017년 8월 10일 초판 1쇄 인쇄
2017년 8월 15일 초판 1쇄 발행

지은이 권오철 · 정영미
펴낸이 진욱상
펴낸곳 (주)백산출판사
교　정 편집부
본문디자인 강정자
표지디자인 오정은

등　록 2017년 5월 29일 제406-2017-000058호
주　소 경기도 파주시 회동길 370(백산빌딩 3층)
전　화 02-914-1621(代)
팩　스 031-955-9911
이메일 edit@ibaeksan.kr
홈페이지 www.ibaeksan.kr

ISBN 979-11-961261-1-7
값 20,000원